Jiazhuang Wanquan ShouCe

装修省钱——绝招与技巧

Allgo5 团购网　编

U0372901

中国建筑工业出版社

图书在版编目（CIP）数据

装修省钱——绝招与技巧/Allgo5 团购网编 .—北京：中国建筑工业出版社，2003
（家装完全手册）
ISBN 7-112-05825-2

Ⅰ.装... Ⅱ.A... Ⅲ.住宅—室内装修—基本知识 Ⅳ.TU767

中国版本图书馆 CIP 数据核字（2003）第 034713 号

家装完全手册

装修省钱——绝招与技巧

Allgo5 团购网　编

中国建筑工业出版社出版、发行（北京西郊百万庄）
新　华　书　店　经　销
印刷：北京市彩桥印刷厂

开本：787×960 毫米　1/16
印张：10¾　字数：218 千字
版次：2003 年 6 月第一版
印次：2003 年 9 月第二次印刷
印数：3,001—5,000 册
定价：**22.00 元**
ISBN 7-112-05825-2
TU·5120（11464）

版权所有　翻印必究
如有印装质量问题，可寄本社退换
（邮政编码 100037）

本社网址：http://www.china-abp.com.cn
网上书店：http://www.china-building.com.cn

本书是现代家装市场的引航灯，它是茫茫现代家装领域中为您"导航"的最佳选择。本书内容新颖，循序渐进，通俗易懂，是您家装必备的好帮手。并对现代装修中消费者最为关注的流行趋势、消费误区、消费陷阱等问题作了重要讲解。

　　本书监理部分聘请了众多监理界、建筑协会等专业人士咨询，希望能对您的工程监理有所帮助。

　　本书宗旨在于教您如何从实际出发，最大限度地省钱。

* * *

责任编辑　时咏梅

前　　言

　　Allgo5完全手册分为《置家完全手册—选车》《置家完全手册—购房》《家装完全手册—装修省钱——绝招与技巧》《家装完全手册—家装小技巧》《家装完全手册—保养》五个系列。

　　●《置家完全手册—选车》为您介绍如何选择属于自己的车辆，并且详细地说明每款车的特点与性能，为您做出决定性的选择，是您选车的好帮手。

　　●《置家完全手册—购房》为您介绍怎样选择真正适合自己的个人空间，并且为您全面讲解如何对自家空间进行合理规划和完美布局，让您轻松选择，放心购买。

　　●《家装完全手册—家装小技巧》教您家庭装饰小技巧，为您详细介绍居室的充分美化与别致修饰，让您得到意想不到的惊喜！可谓一书在手，万事无忧！

　　●《家装完全手册—家具保养》为您详细介绍如何保养自己的美丽家园，让您的居室持久保持亮丽新颜，每一天都给您全新的感觉。

　　●《家装完全手册—装修省钱——绝招与技巧》是广大家庭装修业主非常欢迎的书籍。按照家庭装修的过程来讲，它从装修设计、材料选购、工艺流程、质量通病及防治办法、质量标准与检验方法等各方面均作了简明阐述。同时对家庭装修的经费控制、合同管理、设计监理等，也作了详细的介绍。

本书主要内容

　　本书共分9章，从各方面对家装的有关知识进行全方位的的分析及讲解，其主要内容包括：教你家庭装修节省20%费用的绝招；教你哪里找家装公司放心；教你正确签订家装合同；教你加入团购买材料；教你进行家装验收；教你识破家装中的骗局与陷阱；教你进行自我监理；教你装饰装修的小技巧；教你对绿色环保材料的选择；教你家装不落伍，紧跟时代装修潮流。

　　各个章节详细地介绍了家装存在的普遍问题：装修风格的选择，并详细介绍了典型家装风格和流行家装风格；家装类型及其费用；典型的家装方案；家装公司的选择及签订家装合同的有关事项；家装材料的选择和把关；施工的流程与自我监理；如何选择监理公司和家装监理的收费等情况；工程验收及基底工程检验的一般规定；以及最终验收的基本程序和详细的验收内容。

本书推荐新的概念——团购

谈到省钱省力，让人不知不觉想到 2002 年末兴起的一种崭新的消费方式——团购。团购是消费者以一种强大的形象出现在商家面前，用这种特殊的购买方式，以低价格高质量从商家手里集体购买所需商品。互联网时代的人们对团购给予了特别的热情。就 2002 年末来说，仅北京网民自发组织的团购活动已经有多起成功实例，令加入团购的消费者尝到了甜头。于是团购以一种势不可挡的势头迅猛地发展起来！

团购的实惠已经得到了普遍的认可，但是有过成功组织团购经验的消费者都觉得团购的组织过程非常辛苦！因为在与商家谈判的同时，还要频频组织约见共同团购者、收取信誉保证金等，最终虽然得到了优惠，却也浪费了大量时间。真正受益者还是参与而非组织的消费者。

同时针对团购无与伦比的优势，一个崭新的服务行业出现了——"集团采购网"。它强有力地把消费者组织起来，省去了消费者自己组织时的不必要的烦琐程序。省时、省力、省心！2002 年 12 月 18 日在国家相关部门的大力支持下，国内最为强大的集团采购网——"中国集团采购网"（www.allgo5.com）正式开通，团购流程详见本书附录三。这标志着我国在产品流通领域，在流通方式上有了质的飞跃！这种新的产品流通方式将给消费者带来巨大的经济利益！

本书特色

随着人民生活水平的日益提高，家庭装修成为一个新的消费热点，其费用在居民家庭支出中，占了相当大的比例，如何缩小这部分"必要"的比例？怎样才能真正做到为业主省钱？

家装对一般家庭来说，因其一次性投资大、更换周期较长而格外受到重视，合理的室内设计、正确的材料选择、上乘的施工质量，是舒适家居环境的保证。施工质量如何保证？材料的选择如何把握？室内设计如何完美？

目前从事家庭装修的施工队伍，大多为街头民工，其设计、施工水平参差不齐，质量难以保证；就家庭装修的质量监督而言，一般没有监理，大多数业主因缺乏家庭装修的基本知识，不能对设计、施工的质量进行监督、检查，又往往舍不得支付数千元的监理费用去请监理公司或专业人员监理，致使质量问题层出不穷，纠纷和投诉一直居高不下，结果不尽如人意，还留下许多隐患。怎样用最小的经济支出换取最满意的监理服务？或者怎样进行自我监理？

以上这些类似的具体问题在本书中都相应地做了具体的剖析与讲解。最重要的一点，本书真正做到为广大业主从实际出发又最大限度省钱的"梦想"。

特别是，本书对各个环节，都指出了需要引起充分重视的关键点。业主可按此进行自我监理、规范程序、控制质量，使家庭装修避免误区、节约开支、保证质量、消费隐患，获得满意的结果；在聘请专业人员监理的过程中，业主也能处于主动地位。

本书通俗易读、简洁明了，为打算进行家庭装修的房主而编写。在装修之前，拿出装修总费用的"九牛一毛"充实自己，会让你与装修公司的接触更加专业。本书会让你节省许多装修费用，增长许多装修知识，提高装修质量，是准备进行家庭装修业主的必备手册，让你初次家装，也能轻松自如，并且本书出版的目的就是让您节约20%～30%的资金，做到不上当、好家装、建好家！

编写队伍

本书的编写队伍由长期从事家装相关工作的Allgo5团购网家装专家组成。他们具有丰富的实践经验，了解装修工程的关键，能抓住主要问题，提出预防措施或解决的方案。

本书由苏亮主编，参与编写的人员有：苏亮、刘沛林、彭博、王金亭、赵传纲、田池、黄玮、刘毅。

感谢清华广信公司的支持和帮助。

目 录

装修风格选择 ……………………………………………………… 1
    典型家装风格介绍 …………………………………………… 1
    流行家装风格介绍 …………………………………………… 3

装修类型选择 ……………………………………………………… 8
    家装类型及其费用简述 ……………………………………… 8

典型家装方案 ……………………………………………………… 11
    雅致型家装方案 ……………………………………………… 11
    怎样确定装修预算价格 ……………………………………… 15

家装公司的选择 …………………………………………………… 17
    如何选择家装公司 …………………………………………… 17
    去哪里找家装公司最放心 …………………………………… 19
    家装公司的承包方式 ………………………………………… 22
    怎样正确签订家装合同 ……………………………………… 23
    签订家装合同的注意事项 …………………………………… 26
    Allgo5 家装省钱指导 ………………………………………… 29
    Allgo5 休闲小课堂 …………………………………………… 30

家装材料选择与把关 ……………………………………………… 36
    防盗门的选择 ………………………………………………… 36
    门窗的选择 …………………………………………………… 38

地板的选择 ··· 40
　　油漆的选择 ··· 44
　　卫生洁具的选择 ··· 46
　　洁具龙头（水嘴）的选择 ··· 48
　　瓷砖的选择 ··· 50
　　石材的选择 ··· 52
　　橱柜的选择 ··· 55
　　其他 ··· 58

施工步骤与方法 ·· 61

　　线路敷设施工方法 ·· 61
　　给水管道的施工方法 ··· 62
　　排水管道的施工方法 ··· 63
　　墙面工艺的施工方法 ··· 64
　　乳胶漆墙面的工艺步骤及施工方法 ·· 65
　　吊顶的施工工艺方法 ··· 65
　　裱糊墙面工艺的步骤及施工方法 ··· 68
　　色漆（混水漆）涂饰施工方法 ··· 69
　　卫生洁具的安装方法 ··· 70
　　木门窗的安装方法 ·· 71
　　木门套施工方法 ·· 72
　　木窗帘盒施工方法 ·· 73
　　木护墙施工步骤与方法 ·· 74
　　木隔断施工步骤及方法 ·· 75
　　楼梯木扶手的施工方法 ·· 76
　　清漆涂饰 ·· 77
　　清漆木地板 ··· 78
　　木地板地面工艺步骤及方法 ·· 79
　　陶瓷地砖地面工艺流程及施工方法 ·· 81
　　石材地面的工艺步骤及施工方法 ·· 82
　　太阳能热水器的安装方法 ·· 84

委托监理 ··· 85

　　消费者为什么需要监理服务 ·· 85

家装监理七项职责 ………………………………………… 87
　　家装监理如何收费 ………………………………………… 89
　　注意对监理的监督 ………………………………………… 90

中期验收

　　隐蔽工程验收 ……………………………………………… 92
　　厕浴间的工程验收 ………………………………………… 93
　　基底工程检验一般规定 …………………………………… 95

最终验收

　　地面工程验收 …………………………………………… 110
　　工程涂饰 ………………………………………………… 116
　　细木制品涂饰 …………………………………………… 120
　　玻璃工程验收 …………………………………………… 122
　　金属制品工程验收规范 ………………………………… 125
　　门窗工程验收 …………………………………………… 126
　　细木工工程验收 ………………………………………… 130
　　木花饰 …………………………………………………… 134
　　高档固定家具 …………………………………………… 135
　　五金配件、细木制品安装 ……………………………… 137
　　金属板吊顶验收 ………………………………………… 138
　　纸面石膏板、木质胶合板吊顶验收 …………………… 138
　　纤维类块材饰面板吊顶验收 …………………………… 139
　　花栅吊顶验收 …………………………………………… 141
　　玻璃吊顶验收 …………………………………………… 142
　　采光工程验收 …………………………………………… 143

附录一　北京家装市场近期装修指导价格 …………………… 147
附录二　家庭居室装饰装修工程施工合同 …………………… 152
附录三　Allgo5 团购网介绍 …………………………………… 158

装修风格选择

装修风格的确定是装修的第一步,因此装修出来的居室是否让自己满意,是否真正体现了自我的风格,与装修风格的选择有重大的关系。本章主要对装修风格的选择做详细的介绍!读完本章相信你能领悟到如何去选择适合自己的装修风格!

典型家装风格介绍

现代装修十分讲究风格,可究竟如何把握每种风格却因人而异。在此为您提供几种风格设计方案,包括:田园风格、西洋风格、传统风格、日式风格、西洋古典风格、现代海派风格、乡土风格、自然风格、复古风格、混合型风格、新乡土派风格,仅供您参考。

1. 田园风格——圆你一个田园梦

田园风格特点是具有自然山野风味。室内家具摆设及挂件是创造居室装饰风格的重要手段,如白松制成并保持其自然本色的橱柜,藤柳编的沙发、坐椅,草编的地毯、草席,木制的大桌,蓝印花布的窗帘和床罩之类,令人观赏之余对其材料的自然质感留下深刻的印象。

2. 西洋风格——简洁、明快、实用

西洋风格以简洁明快、注重实用为主要特色,重视室内使用效果,强调室内布置应按功能区分的原则进行,家具布置与空间密切配合。这样不仅节约空间和材料,而且使室内布置清爽、有序,富有时代感和整体美,体现了现代派所追求的"少就是多"。

3. 传统风格——融合庄重和典雅双重品质

中国家装的传统风格崇尚庄重和优雅。吸取中国传统木构架特色,构筑室内藻井顶棚、屏风、隔扇等装饰。多采用对称的空间构图方式,笔彩庄重而简练,空间气氛宁静雅致而简朴。传统风格古色古香的中国式隔扇、罩架、格屏、帷幔都是装饰手法中不可缺少的,其特点是融合了庄重和典雅的双重品质。但在现代家庭室内装修中，不可能完全仿效传统的方式，而只能在格调上寻求优雅的中国气质。比如，地上可铺一块手织地毯，墙上挂几幅中国山水画和对联，陈设一些唐三彩或花瓷瓶，种上几株翠竹，窗户挂一卷优美竹窗。室内空间隔断采用落地扇或精美的屏风等。

4．日式风格——简洁淡雅的日本风情

空间造型极为简洁，家具陈设以茶几为中心，墙面上使用木质构件作方格式几何形状与细方格木推拉门、窗相呼应，空间气氛朴素、文雅柔和。日式风格简洁淡雅，日本风情装饰较适用于起居室空间。装饰简洁、淡雅，但要适应主人的生活习惯。用清水浅木格式隔断，木架的灯饰，地板上铺"榻榻米"，用纸糊的木格推拉式移窗、移门，手工绘制的日本风情构图的漆器、木碗、瓷器等。

5．西洋古典风格——华丽、高雅的古典风格

居室色彩主调为白色。家具为古典弯腿式，家具、门、窗漆成白色。擅长使用各种花饰、丰富的木线变化、富丽的窗帘帷幄是西式传统室内装饰的固定模式，空间环境多表现出华美、富丽、浪漫的气氛。其特点是华丽、高雅。如不可能耗费巨资模仿，则应学其精神，达到"神似"的目的。比如，过去很流行的弯腿式单件成套家具，现在看来是过时了。但是，如果把这些旧家具重新油漆一下，比如漆成白色的，并在有脚的部位画上金线，效果就完全不同。门、窗及挂镜线也可漆成白色的。挂一幅用压花涂金镜框的古典油画，放上几尊古典名作的石膏像，一定会增添不少的古典味。

6．现代海派风格——创造舒适紧凑的和谐空间

海派的居室装饰最突出的特点就是能在较小的住宅内达到平面布置合理，有效利用空间，整体设计紧凑，使家居装饰既经济实惠又舒适美观，符合现代生活的要求。例如住宅采取复式设计，注重公共活动空间。家具则讲究整体协调和实用性，采用移动门橱、弧形角橱，多用家具等。

7．乡土风格——自然、质朴、高雅

主要表现为尊重民间的传统习惯、风土人情，保持民间特色，注意运用地方建筑材料或利用当地的传说故事等作为装饰的主题。在室内环境中力求表现悠闲、舒畅的田园生活情趣，创造自然、质朴、高雅的空间气氛。

8．自然风格——返朴归真、回归自然

崇尚返朴归真、回归自然，摒弃人造材料的制品，把木材、砖石、草藤、棉

布等天然材料运用于室内设计中。这些做法，在别墅建筑中特别适宜，备受人们喜爱。

9. 复古风格——端庄、典雅的贵族气氛

人们对现代生活要求不断得到满足时，又萌发出一种向往传统、怀念古老饰品、珍爱有艺术价值的传统家具陈设的情绪。于是，曲线优美、线条流动的巴洛克和洛可可风格的家具常用来作为居室的陈设，再配以相同格调的壁纸、帘幔、地毯、家具外罩等装饰织物，给室内增添了端庄、典雅的贵族气氛。

10. 混合型风格——不拘一格的感受

即中西结合式风格，在空间结构上既讲求现代实用，又吸取传统的特征，在装饰与陈设中融中西为一体。如传统的屏风、茶几，现代风格的墙画及门窗装修，新型的沙发，使人感到不拘一格。

11. 新乡土派——原创的艺术氛围

20世纪六七十年代后，现代风格的国际化和非人性的倾向遭到了越来越多的反对，人们开始对原始的手工艺品和有地方文化特色的东西表现出浓厚的兴趣。新乡土派受英国"工艺美术运动"思潮的影响，室内装饰材料通常是毛石、木材（原木）、竹、手工艺品、植物、花卉以及粗织物、铁花铸件、野兽头骨等，追求一种原创的艺术氛围，着力营造悠闲、舒畅，具有自然情趣的居住空间。

■ **Allgo5 专家提示：**

选择不同的风格完全依据个人的爱好，不必拘泥于某种风格，也不必在众多风格面前不知所措，您可以根据自己的经济情况选择。也可以把自己的性格、习惯讲给设计师听，让他给你设计草稿，多找几家设计公司后你一定能从中挑选一个最令自己满意的方案。

流行家装风格介绍

你是喜欢简约风格，还是想要一个能够捕捉阳光空气的悠然小居，亦或还想要享受新东方的古典情调，还有，不知道极尽奢华的西洋风格你喜不喜欢呢？

总之，在度身定做自己的家的同时，你一定要为自己的"窝"定一个格调。因为品家如品人。

1. 现代风格

现代风格是近来比较流行的一种风格，追求时尚与潮流，非常注重居室空间的布局与使用功能的完美结合。现代主义也称功能主义，是工业社会的产物，我们今天绝大多数室内用品或装饰品，如灯具、家具等，都是工业化下的工业产品，然而并不是说把由机器创造的家庭用品组合在一起就形成现代风格，可以称为风格的必定是一种艺术思潮，事实上现代风格也可分为几种流派，而其中最具代表性的是高技派和风格派。

高技派注重"高度工业技术"的表现，有几个明显的特征：首先是喜欢使用最新型的材料，尤其是不锈钢、铝塑板或合金材料，作为室内装饰及家具设计的主要材料；其次是把结构或机械组织暴露出来，如把室内水管、风管暴露在外，或使用透明的、裸露机械零件的家用电器；在功能上强调现代居室的视听功能或自动化设施，家用电器为主要陈设，精致、细巧，室内艺术品均为抽象艺术风格。

2. 中国古典风格

中国风是近年来从时装界和艺术界兴起的、从东南亚流行到欧美国家的一种对东方古典文明的怀旧思潮，也可称为中国传统新古典风格。其特点是它并非完全意义上的复古，而是通过中国古典室内风格的特征，表达对清雅含蓄、端庄典雅的东方式精神境界的追求，由于现代建筑的空间不太可能提供古典室内构件的装饰背景，因而中国风的构成主要体现在传统家具（多以明清家具为主）、装饰品及黑、红为主构成的装饰色彩上。

中式风格古朴、浑厚，室内多采用对称式的布局方式，格调高雅，造型简朴优美，色彩浓重而成熟。中国传统室内家具有床、桌、椅、几、案、柜等，用料考究，善用紫檀、楠木、花梨、胡桃等木材，表面施油而不施漆，有的表面上还镶大理石或螺钿等，极为精美，尤其是明式家具已成为国际市场上的抢手货。

中国传统室内陈设包括字画、匾幅、挂屏、盆景、瓷器、古玩、屏风、博古架等，追求一种修身养性的生活境界。中国传统室内装饰艺术是几千年的历史长河中中华民族传统智慧的结晶，其特点是总体布局对称均衡，端正稳健，而在装饰细节上崇尚自然情趣，花鸟、鱼虫等精雕细琢，富于变化，充分体现出中国传统美学精神。

3. 和风

和风即日本传统风格，也是一直被传统派和现代派的室内设计师们一致推崇的一种风格，这种风格之所以如此流行并且广为接受，它的室内构成方式及装饰设计手法迎合了现代构成美学原则。

和风给人的感觉是非常温馨、亲切、朴素，追求一种悠闲、随意的生活意境。空间造型极为简洁，在设计上采用清晰的线条，而且在空间划分中摒弃曲线，具有较强的几何感。和风最大的特征是多功能性，如：白天放置矮桌、书桌就成为客厅，放置餐桌就成为餐厅，放上茶具就成为茶室，晚上铺上寝具就成了卧室。和风式居室的地面（草席、地板）、墙面涂料、顶棚木构架、白色窗纸，均采用天然材料。门窗框、顶棚、灯具均采用格子分割，手法极具现代感。它的室内装饰主要是日本式的字画、浮世绘、茶具、纸扇、武士刀、玩偶及面具，更甚者直接用和服来点缀，室内气氛清雅纯朴。

4. 西洋古典风格

传统风格或怀旧思潮近几年已成为流行时尚，体现出现代人在紧张工作之余对人文历史文化的渴望。比较突出的是国内这几年普遍流行的西洋风，欧式柱头、罗马线脚成为豪华装饰的必选材料。而同时，西方文化却以东方文化为时尚，红木家具、仿古屏风、古玩字画等成为抢手货。

西洋古典风格可分为几种类型：文艺复兴式、巴洛克式、洛可可式或美国殖民地式等。其主要构成方法有三类：第一类是室内构件要素，如柱式、壁炉、楼梯等；第二类是家具要素，如床、桌、椅、几柜等，常以兽腿、花束及螺钿雕刻来装饰；第三类是装饰要素，如墙纸、窗帘（幔）、地毯、灯具、壁画、西洋画等。色彩上以红蓝、红绿及粉蓝、粉绿、粉黄，饰以金银饰线为色调。它在室内设计中首先特别重视比例、尺度的把握。其次，西洋古典风格比较注重背景色调，由墙纸、地毯、帘幔等装饰织物组成的背景色调对控制室内整体效果起了决定性的作用。

西洋新古典风格实际上是继承了古典风格中的精华部分并予以提炼的结果。其特点是强调古典风格的比例、尺度及构图原理，对复杂的装饰予以简化或抽象化，在色调上保持红绿或红蓝的基调，细部则为精致的装饰。新古典摒弃了古典风格的繁琐，但不失豪华与气派。目前最受设计师们崇尚的多为融入了现代精神的新古典风格。

5. 田园风格

主要以钢筋水泥为支撑的现代都市建筑，其外观与室内装修都越来越远离自然。奔波于快节奏的工作场所和狭窄的蜗居之间，生活的压力和生存的竞争使一切都变得具体而实际。对于奔忙在繁华都市的现代人，回归自然的风尚无疑能帮助他们减轻压力、舒缓身心、迎合他们亲近自然，追怀恬静的田园生活的需求。因而在室内设计流派纷呈的今天，崇尚自然、返璞归真的田园风格历久不衰，成为室内设计的一种重要趋势。

在崇尚自然的大趋势下，回归自然、营造乡情野趣也就成了相当一部分都市人的志趣所在。田园风格倡导"回归自然"，美学上推崇"自然美"，认为只有崇尚自然、结合自然，才能在当今高科技快节奏的社会生活中获取生理和心理的平衡。因此田园风格力求表现悠闲、舒畅、自然的田园生活情趣。在居室装修中常运用木、石、藤、竹、织物等天然材料，结合室内绿化，来创造自然、简朴、高雅的氛围。

田园风格的意境创造是要经过设计好的"神会心谋"，而且是蕴含个性的设计。居室装修中，厅、窗、地面一般均采用原木材质，木质以涂清油为主，透出原木特有的木结构和纹理，有的甚至连天花板和墙面都饰以原木，局部墙面用粗犷的毛石或大理石同原木相配，使石材特有的粗犷纹理打破木材略显细腻和单薄的风格，一粗一细既产生对比、又美化居室，同时让疲劳一天的主人身处居室产生心旷神怡之感。田园风格的居室装修最少不了织物，而在织物质地的选择上多采用棉、麻等天然制品，独具匠心的主人有时也会在居室墙面挂一幅毛织壁挂，表现的主题多为乡村风景。

近来，在家具市场上，藤竹制品的家具活跃起来，这无疑又为田园风格的居室装修注入了新的设计元素，同时可以激活设计师的设计理念，使田园风格的家居设计更加"田园化"。不论工作、学习、休息都能心宁气定，悠然自得。然而要把这些没有生命的木、石、织物、植物运用合理，并显示出生命力、给人自然、简朴、高雅的感觉，首先要求居室的主人热爱生活、热爱大自然，有对植物生命力的向往，其次要求设计师要有对自然审美的素养和创造力。

在当代城市环境污染日益恶化的情况下，通过绿化室内把生活、学习、工作、休息的空间变为"绿色空间"，是改善环境最有效的手段之一，苏东坡就曾说过："宁可食无肉，不可居无竹。"由此可见绿色盆栽植物可以起到不可或缺的作用。

有了绿色植物还要讲求摆放方法，室内植物摆放方法有很多，但主要有几种方法：①重点装饰与边角装饰。所谓重点装饰就是将植物摆放于较为显眼处，如客厅正面墙的电视柜旁，而边角装饰则只摆放在边角部位，如客厅中沙发转角处，靠近角隅的餐桌旁或进厅玄关处。②结合家具陈设等布置绿化，室内绿化除单独落地布置外，还可与家具、陈设、灯具等室内物件结合布置，如放在柜子转角的吊兰和放在茶几上的盆花。③沿窗布置。靠窗布置绿色植物，能使植物接受更多的日照，并形成室内绿色景观，可以做成花槽或窗台上置小型盆栽方式。无论哪种摆放方法，都要根据居室特点进行很好地设计，才能使植物融于居室、相得益彰、别出心裁。

6. 混合派风格

混合派最初是由经常出国旅行的人和艺术品收藏家从世界各地带回许多艺术品装饰室内而逐渐发展起来的一种流派，混合派的作品既寻求各种不同文化背景的艺术品之间的兼容性，又是宅主身价的炫耀。混合派努力创造的是一种兼容各种风格艺术的室内空间，它所强调的是文化的整体协调性而非推崇某一种文化风格，正因为如此，这种风格已成为一种新的国际流行时尚。

■ **Allgo5 专家提示：**

家装风格就介绍到这儿，更多风格及相应图片资料详见 Allgo5 网站 http://www.allgo5.com。

装修类型选择

家装类型及其费用简述

装修风格选定之后,家装的标准是直接关系到装修成本的关键一项。什么样的标准花多少钱呢?看完下面的介绍让你做到心中有底,这样在你跟装修公司洽谈时就不会被蒙得摸不着头脑了。

1. 标准型:500~750 元/m^2(建筑面积)

(1) 三代同堂:

①地面:老人卧室、夫妇卧室和儿童房均采用实木复合地板;客厅采用大规格地砖;

②墙面:老人卧室、夫妇卧室和客厅采用涂料;儿童房采用儿童壁纸;

③顶棚:涂料;

④清漆木制品;

⑤厨房卫生间墙、地砖:200mm×250mm,300mm×300mm。

(2) 三口之家:

①地面:夫妇卧室和儿童房采用实木复合地板;客厅采用大规格地砖;

②墙面:涂料(客厅加木制装饰线);

③顶棚:涂料;

④清漆(或混油)木制品;

⑤厨房卫生间墙、地砖:200mm×250mm,300mm×300mm。

(3) 两人世界:

①地面:实木复合地板;

②墙面:浪漫墙纸;

③顶棚:局部造型顶+涂料;

④混油漆木制品;

⑤厨房卫生间墙、地砖:200mm×280mm,200mm×200mm;

⑥局部地台。

2．温馨型：750～1200元/m²（建筑面积）

（1）三代同堂：

①卧室：木龙骨+实木地板，壁纸，涂料，石膏花线+角花，造型门；

②客厅：地砖，局部地毯，涂料，顶棚局部造型，艺术门套；

③卫生间：200mm×280mm墙砖，200mm×200mm地砖，中档马桶面盆，修边镜，小件，花洒，铝扣板吊顶，防滑地垫；

④厨房：200mm×250mm墙砖，300mm×300mm地砖，整体橱柜。

（2）三口之家：

①卧室：木龙骨+木地板（儿童房局部地台），壁纸，涂料，石膏花线，造型门；

②客厅：地砖+大理石收边，涂料，墙面木制造型，石膏花线+角花+艺术造型，艺术门套；

③卫生间：同2.（1）③；

④厨房：同2.（1）④。

（3）两人世界：

①卧室：木龙骨+木地板+地台，壁纸+装饰墙裙，涂料，石膏花线，造型门，艺术壁灯；

②客厅：地砖+大理石收边+木制地台，墙面造型，涂料，局部造型+石膏角线，艺术门套，暖气罩；

③卫生间：小浴缸，其余同2.（1）③；

④厨房：同2.（1）④。

3．高档型：1200～1800元/m²（建筑面积）

①卧室：木龙骨+毛地板+高档木地板+防潮处理，高档壁纸，涂料，木制角线，艺术造型门，高档灯具；

②客厅：进口大理石或地砖，墙面艺术造型，涂料，艺术造型+装饰线，艺术门套（高档木材），装饰柜；

③卫生间：高档卫生洁具三件套+高档五金，进口墙地砖，高档小件及化妆镜，高档吊顶材料；

④厨房：进口菜盆+龙头，进口大理石台面，高档整体橱柜，进口或国产高档墙地砖。

怎么样？心里有底了吧！合理规划你的装修吧……

■ **Allgo5 专家提示：**

　　如果我讲的太抽象，请大家登录http：//www.allgo5.com，会看到精美的装饰效果图。

典型家装方案

雅致型家装方案

家装是一门艺术,良好的家装可以让你更能体味生活的乐趣与惬意。本文将一个完整家装设计方案提供出来供读者参考。

本章以一款雅致型家装方案简要介绍,此装修不包括家具等的费用。

- 方案风格:典雅大方
- 房屋户型:两室两厅两卫
- 装修造价:2.9~3.2万元
- 套内面积:105m²

1. 平面布局

有效的空间利用、室内功能完善的设计及人流顺畅的走向是房屋平面布局重要的组成,缺一不可。把握住以上方面,才能把居室安排得更加合理、舒适。图1所示是交房时的结构图,房间结构较为方正,实用面积也大,但房子还存在几处缺点,为让空间的使用功能做到最合理,我们用以下方案,把房间结构加以修改,如图2所示。

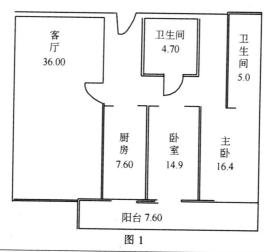

图1

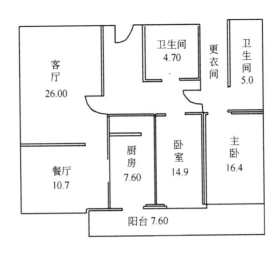

图 2

2．方案

（1）两个卫生间之间的走廊空间过大，而且没有充分利用，现在我们把右边卫生间门改至主卧门外旁边，把两卫生间中间的走廊全部利用做成一个玄关，原走廊可作为更衣间。

（2）厨房空间比较大，略显浪费，我们把厨房门由正门对面改至左下边，可在里边打一个小隔断做储物间。

（3）客厅中间加一道推拉门，可做独立的餐厅，也可拉开门扩大客厅面积。

3．设计方案

在布置两室两厅两卫时，应主要注意布置其两个厅，可根据需要将厅布置成餐厅和会客厅，两个厅的风格可各按主人的个人爱好来布置，风格应统一。至于两个居室的布置应考虑到具体的人口构成，在适当条件下，可再布置书房之类功能的居室，书房或工作室应布置在厅内。在主人的大卧室内布置书房时，应有灵活分隔，以免影响他们休息。

大部分主卧室自带卫生间；客厅的会客功能突出，有一定的视听要求；餐厅的视觉功能要针对于就餐功能，所以也要重视美观；在厅的设计中，大多增设玄关（小门厅）；墙面装饰要有一定的应景之作；灯具选用要考虑风格格调，要有画龙点睛的作用。两室二厅的装修要实用和美观并重，有些住户可能更重视气派和美观，这是不同于其他房型的一个特点。

现代的家庭装修不仅要求装修后的居室舒适、美观，更要求装修风格能体现出业主的个性品味、顺应自然的时尚，并且用最经济的费用做出使用功能合理实用、品质优秀的装修工程。由于人们进行居室装修的需求日增，众多的家居装修公司都采取了免费设计，看好设计方案后再签约的服务，所以您完全可以根据自己的风格选择最满意的装修公司。以下是我们根据较常见的两室两厅的结构进行设计的装修方案，供您参考：

4．造型处理

造型的处理上追求整体感，要求整洁、流畅，应着眼于线条与质感的体现。

（1）客厅：此间面积较大。我们选用木色为主色，装饰出一处自然、和谐的待客、起居空间。为调节厅与餐厅之间的高度差异，客厅顶面做石膏的波浪线条，以平衡视觉。

（2）卧室：长辈房与主卧造型郑重、简洁、大方，无花哨的装饰和累赘的线条，平和中见其舒适、安静的实用功能；儿童房则注重了阅读、学习的功能，依墙而立的衣橱和书柜充分收纳了孩子成长中的衣服和书籍。

5．色彩的搭配运用

色彩在整体造型中占举足轻重的地位，色彩能体现居室主人的性情、个性，又能丰富室内的视觉空间。本案色彩的主调选用的是天然木材的本色，迎合了现代人居室自然、舒适的视觉观点。

主卧室和在天然木色的基础上选用了温馨的浅色的彩花床饰、窗饰，将女主人的温柔性格展现眼前；儿童房在木色中掺进了少许淡绿色、浅桔色，自然清新中突出了孩子活泼的天性；客厅作为公共空间，其色彩略显丰富，但仍不失主人个性风格；房内过道选用浅白色地砖衬以黑色条状大理石，给人一种敞亮感；餐厅中以木色的餐桌椅、酒柜来衬托温馨的餐叙氛围。

6．预算价格与工程参考价

此两室两厅使用面积为 $105m^2$，装修材料为榉木、进口复合板材、防火板、台湾瓷砖、进口 ICI 乳胶漆等。装修预算价格约为：

（1）基础部分——4500 元。包括地面找平，拆除、新建、改装室内固定设施，防湿处理，清理垃圾等。

（2）顶棚工程——6000～7000 元。含顶面 ICI 乳胶漆的涂刷，客、餐厅及厨房顶面吊顶及卧室顶棚石膏角线等。

（3）地面工程——18000 元。包括卧室吉象牌复合地板，客、餐厅及厨房顶面吊顶及卧室顶棚石膏角线等。

（4）立面装饰——14000 元。包括墙壁大理石面、角线，墙面 ICI 涂刷及装饰，厨房、卫生间及阳台墙面贴瓷砖等。

（5）固定家具——35000 元。包括玄关鞋柜、餐厅酒柜、储物柜、客厅电视柜、卧房衣柜、书柜、写字台、厨房地柜、吊柜、卫生间洗脸盆等。

（6）门窗装饰——13500元。包括各房间门及门套，卧室窗台装饰及包窗等。

（7）安装工程——600元。包括各种电器、洁具、水龙头及五金挂件的安装、调试。

（8）电气工程——5000元。包括线路改装、灯具安装、开头插座、各种电线、套管及电气铺料等。

综上所述，二房二厅的装修总价为：96600～97600元人民币（此价格仅作参考）。

装修参考价参见表1。

装修参考价（包工包辅料）

表1

序号	项　　　目	单 位	单 价	工艺、材料说明
1	立邦漆——美丽得	m²	14	腻子3遍，面漆3遍
	立邦三合一	m²	23	腻子3遍，面漆3遍
	多乐士五合一（1代）	m²	23	腻子3遍，底漆1遍，面漆3遍
	多乐士五合一（2代）	m²	25	
	（德国）舒尔茨	m²	28	腻子3遍，面漆3遍
	都芳	m²	28	腻子3遍，面漆3遍
	（中日合资）千色花	m²	32	腻子3遍，面漆3遍
2	墙砖	m²	32	清工辅料
3	地面砖	m²	28	清工辅料
4	石膏顶角线	m²	11	8cm素线（泰丽雅）快粘粉，木螺钉加固
5	PVC吊顶	m²	65	包工包料
6	铝扣板吊顶	m²	110	（1）此价格包含轻钢龙骨及角线； （2）主材为0.6mm中档铝扣板，65元/m²
7	包立管	根	100	木龙骨，石膏板饰面
8	包暖气罩（混油工艺）	m²	200	（1）金秋特级大芯板骨架，柳安三合板饰面，实木线收口 （2）华润聚酯漆，2遍底漆，3遍面漆 （3）不含散热口
9	新做门及套（榉木造型）混油	樘	1050	（1）天然榉木饰面，18mm金秋特级大芯板，实木线收口 （2）华润清漆6～8遍 （3）门洞尺寸不大于1000mm×2000mm
10	石膏板吊顶	m²	110	（1）轻钢龙骨，9mm厚龙牌石膏板 （2）石膏板的接缝，应进行板缝处理

怎样确定装修预算价格

1. 察看现场

消费者和施工方要共同察看住宅现场情况，察看内容有：住宅是什么结构，有无渗漏的毛病，厨房、卫生间的地面注水经24h浸泡后是否渗漏，上下水是否通畅，电气线路是否正常，墙、地、顶六个大面有无质量问题，如果住宅本身存在问题应立即向住宅开发商反映，在装修前解决。

2. 计算工程量

（1）吊顶顶面工程量计算：立体造型吊顶按其折线、迭级、圆弧、拱形、凹凸、带灯槽等不同艺术结构形式的展开面积乘以1.15的系数计算；顶面的装饰线条（木线、石膏线等）按延长米计算。

（2）墙面、柱面工程量计算方法：平墙面按平面净尺寸计算面积，应注意扣除门、窗洞口及踢脚线所占面积；造型墙面按展开面积计算，较为复杂的应乘以1.15的系数计算；墙裙按实际装饰面积计算；连柱墙裙注意将柱侧面面积计入墙面宽度来计算；独立柱按展开面积计算；墙面木龙骨或方格结构可按实际高度增加5cm后，再乘以墙面宽度来计算；门窗一般以樘计算，门窗套也以樘计算，若要细算，则都按展开面积计算；窗台板按实铺面积计算；窗帘盒、窗帘挡板及窗帘轨、踢脚线以延长米来计算；现场家具以延长米来计算，也可按展开面积计算。

（3）地面工程量计算方法：平面按净尺寸计算面积；地台或阶梯地面按展开面积计算；楼梯面按展开面积计算，并将侧面积计入；另一种方法是：先将楼梯的正投影面积计算出来，再将这个面积乘以1.52的系数，即楼梯工程量面积。

（4）水电工程量计算方法：电线用量为将各房间内进线端至各电器位置的电路走向长度逐个计算并相加，再乘以5%的损耗；线管约为电线总长度的3/10。插座开关按实际计算。水管从水源至各个用水点计算长度，排水管从用水点至下水接口处计算，均再乘以5%的损耗。

3. 制作工料表

（1）做出主要工料分析表。材料和人工费用应列表计算，明细工料分析的计算一般是根据每个单项项目材料的消耗量及人工消耗量，其中，材料的消耗量应加合理损耗。

（2）人工消耗量参照国家编制的施工人员工时标准，因为绝大多数家庭装饰中不以点工计算，多以平方米或延长米直接计算人工费用。如塑扣板平顶每平方米人工费15元，阴角线每延长米2元等。

（3）家庭装饰材料主要计算大项，如地板、墙地砖、乳胶漆、油漆、橱柜、水管、电管、电线等，再加上每个单项的人工费用，就形成了工料分析表。

4．确定预算

家装预算书是确定家装人工、材料和总造价的文件，是消费者按合同根据工程进度进行付款和竣工结算的依据。预算书的主要内容包括：装饰项目、计量单位、工程量、项目单价、项目合价，项目单价中含材料、人工和机具损耗。

家装公司的选择

想要拥有舒适的家居环境、享受惬意的家居生活吗？家装公司的选择是关键。如何选择家装公司？选择家装公司都有哪些步骤？装修过程中都承包什么？怎样正确签订家装合同？签订家装合同都有哪些注意事项？你都了解吗？Allgo5家装专家为您提供一整套家装公司选择方案，供您参考。

如何选择家装公司

家装过程中，家装公司的选择是关键。如果家装公司没有选择好，在以后的装修过程中将潜伏着重重危机。如何选择一家好的家装公司，这其中有一些关键步骤，在这里Allgo5将向你详细讲解。

1. 认清家装公司的资格

选择装修公司必须先考察它是否具有进行装饰工程施工的资格。你除了要检查营业执照、资质等级证书之外，公司有无正规的办公地点、是否能出具合格的票据等，都是要仔细考察的。

由于目前搞家庭装修服务的公司，许多都是没有国家装修资质等级的小型公司，所以一定要仔细考察，以免吃亏上当。建委颁发的"建筑装饰工程施工企业资质等级"主要是颁发给承揽公共建筑装饰的大型企业的。这些具有资质的装饰公司，它的设计力量和施工力量主要用于公共建筑的装饰施工，而不是用于家庭装修。

2. 设计师的资格认证

装饰设计师一般分为三个派别：学院派、设计派和半路出家的设计师。您在选择家装公司时要和公司的设计师进行详尽地询问。对于一般家庭装修而言，设计师只是把用户的装修想法进一步实现，这只是一个过程，因此设计师的设计水平不存在明显的高低之分，但是设计师对所承担的工程具有负责的精神是十分重要的，一切要替用户考虑。现在大多数家装公司中所谓的设计师都是以拉业务为主，真正从用户的角度去考虑的设计师很少，所以在选择设计师时，一定要对其进行资格认证，千万要小心设计师中的"垃圾业务员"。

3. 施工队的资格认证

　　装修质量的好坏，很大程度上取决于施工队的素质。所以在装修之前，你还要考察一下装修公司所用的施工队。对施工工人的具体情况进行了解。最好能到施工现场看一看，观察其手工是否精细。一般广东、江苏地区的施工队做工比较细致，安徽地区的施工队相对而言做工比较粗糙。同时施工队是否有实力，从他们使用的工具上能窥见一斑。目前装饰工程电动化程度很高，一般有实力的施工队为了提高质量和效率，都普遍使用电汽泵、射钉枪等工具。

　　另外，你可以到施工现场查看施工所用的材料是否环保，留意油漆、涂料的味道是否过浓。考察这家家装公司所做过的工程，来评价它的设计和施工水平。如果是朋友介绍的，也可以通过熟人来了解公司的情况。但有时亲朋好友并不是这方面的行家，难免会有误导，所以还是要自己有判断力，经过仔细的了解后，再作决定。

■ Allgo5 专家提示：

　　目前，在家庭装饰市场上承揽家庭装修业务的，一般都是这些公司派生出的子公司和经营部。而在这些子公司和经营部中，"挂靠"也不在少数。所谓"挂靠"，就是一些小型企业或个人，向这些大型装饰施工企业每年上缴管理费，使用这些公司的名义来承揽工程。所以在选择家装公司的时候，一定要按照上面所说的步骤，来进行家装公司的选择。

● 建设部：请"游击队"装修将被罚款

　　老王刚买了一套三室的新居，正为怎么装修犯愁："游击队"价格便宜，无疑富有诱惑力，"正规军"水平相对较高，但价格贵许多。正当许多房主为选择什么样的装修队伍而犹豫不定时，建设管理部门却提醒：不能雇用没有资质的"游击队"装修，否则将面临500~1000元的罚款。

　　这条规定出自建设部110号令：《住宅室内装饰装修管理办法》第三十六条明文规定："装修人违反本办法规定，将住宅室内装饰装修工程委托给不具有相应资质等级企业的，由城市房地产行政主管部门责令改正，处500元以上1000元以下的罚款。"此《办法》已于2002年5月1日起执行，只是很多装修者对此并不清楚。

　　目前我国装修界泥沙俱下，良莠难辨，特别是大量马路"游击队"的出现，使得装修界更加混乱。几名木工、瓦工和油工，组合在一起就在街头揽活儿了。

有人图便宜，找来"游击队"装修，结果没几天，不是卫生间和厨房都开始渗水，就是门套、地脚线开始变色，甚至吊顶摇摇欲坠，地板开始翘裂……

目前在北京1000多个小区中，活跃着7000多支"游击队"，其数量和正规军差不多。每年京城200多亿元的装修市场份额，"游击队"能拿走大约一半。当然，也有部分"游击队"诚实从业，活儿做得也确实不错，但毕竟是少数。

去哪里找家装公司最放心？

装修质量的好坏关键在于您找了什么样的家装公司，找对了你就是赢家；否则，烦人的装修质量问题，怕是难以收场，在这里Allgo5专家告诉您几个选择家装公司的方法，供您参考。

到哪里能找到各方面都能满足自己要求的家装公司呢？就目前的情况来看，找装饰公司有四种途径：一是去专业的家庭装饰市场找入驻的家装公司；二是找在写字楼、商厦等单独营业的家装公司；三是去找"马路装修游击队"；四是各个楼盘都有许多个体装修队。另外也可通过广告、网络等方式进行查找。据有关部门统计，北京市现有装饰企业超过5000家，资信情况、设计水准、施工质量、人员素质等各不相同。

1．选择家庭装饰市场

现在各装饰市场对入驻家装公司都有一整套较为严格的管理、约束制度，从材料、施工、价格、质量、售后服务等方面严格管理，保护消费者的利益，因此到家装市场选择家装公司较好。在市场里您可以充分比较、权衡，选择一家最合适的装饰公司，各市场的合同认证与监理制度是保证您家工程质量的"保单"，因此在这里找家装公司比较放心。

2．单独营业的家装公司

目前，家装市场上最多的，就是自己设立办公室、独立经营的家装公司。这些家装公司往往鱼龙混杂、良莠不齐。找这类家装公司装修，就要具备一定的装修知识从多方面考察，来确定它的资格和实力。

由于是单独开业经营，这些家装公司往往要靠特色服务来吸引消费者。如"私人化全程服务"、"先装修后付款"等等。您可根据自己的需要，去选择合适的家装公司。

另外这类单独营业的装饰公司，其档次差别很大。由于设计和施工工艺不同，往往同一个工程，不同公司的报价也相差很多。您可根据自己的经济实力，选择不同的家装公司为您服务。

Allgo5专家提醒消费者：如果您资金比较富裕，最好选择经常做宣传的大公司，这样比较省心；如果你想省钱，就需要具备一定的技巧了。首先，您要对各方面的家装知识比较了解，另外您要有一些装修经历，还要掌握杀价的技能。

3．马路装修游击队：便宜但很危险

Allgo5专家形象地给"街头装修游击队"概括了"六无"：一无营业执照；二无经营资金；三无办公地点；四无设计人员；五无环保材料保证；六无售后服务。找这类施工队装修，比找正规装饰公司省20%～30%左右的装修费。但这些装修费往往是通过偷工减料、偷税漏税等手段"节省"下来的，您不想想，一分钱一分货，花"夏利"的钱能买"大奔"吗，再说，您一辈子也就装修一次、两次的，装不好再拆得添多少钱呀！

最为严重的是，这些施工队有时还会"卷款潜逃"，甚至在户主人住后偷盗、抢劫，那时候您找谁去。所以，为了保障您的人身安全和装修质量，千万不能找"街头戳锯的"。

■ Allgo5专家提示：

● 家装消费者　谨防被"钓鱼"

在目前的京城家庭装饰领域，有些家装公司故意将报价压低，然后在施工过程中要求消费者追加工程款，这种故意欺骗消费者的做法，被形象地称之为"钓鱼"。有些消费者在选择家装公司时只关注装修报价，却忽视了核查整体设计和装修项目，结果在家装工程开工后，才发现自己上当受骗了。其实，如果您在与装饰公司接洽中仔细留意，不难发现装饰公司是如何"钓"消费者的：

（1）设计阶段：压低报价，引而不发。有时家装公司为了争取客户，会使用压价的手法，但一般这种压价都在正常范围以内。如果两个家装公司之间的报价相差超过30%以上，后者就有向消费者"下饵"的嫌疑。这种情况在竞争激烈的家装市场中，出现的比例最大。家装公司以过低的价格接下了家装工程，接着就要给消费者出设计和报价，这时就是家装公司开始"钓鱼"的第一步。

首先，家装公司在做预算时，有意将一些项目略去。例如卫生间防水、墙壁基底处理等项目就常常在家装公司"省略"之列。这样出来的装修报价，必然要比其他家装公司要低。有时家装公司还将所有项目的报价全部下压，给消费者一个错觉：这家家装公司物美价廉，比别的家装公司要便宜。另外，打折的手法也

是家装公司常用的"钓饵"之一。目前家装公司的毛利率从20%～30%不等。如果打折的幅度超过这个限度，家装公司肯定就在玩猫腻，不是报价故意做高，就是要钓消费者。无论家装公司怎样伪装"钓饵"，总离不开"便宜"两个字。但家装公司过低的价格背后，往往隐藏着一些别的东西。一旦消费者因贪图便宜而上当，就会造成很严重的后果。

(2) 施工阶段：无理追加，横加要挟。消费者签订了家装施工合同，家装公司派施工队进场施工。在工程开始后，家装公司就开始"收线"了。首先，家装公司会以各种理由要求消费者追加预算。家装公司常用的理由无非是项目漏算、改变工艺和材料以及公司要赔本等等。本来这些问题在设计阶段就应该由家装公司的设计师考虑清楚，并与消费者进行洽商的。但家装公司到施工阶段才提出来，往往让消费者措手不及。如果您在施工过程中，发现总是由家装公司提出减少项目、增加预算，无疑就是家装公司正在"收线"了。这时您要是提出要按合同进行施工和交款，家装公司往往会以停工待料、不保质量，甚至撤出工地相要挟。这时消费者再想找别家家装公司，就很困难了。

(3) 验收阶段：收交尾款，凶相毕露。如果家装公司在施工阶段没有如愿以偿，在工程验收时就会凶相毕露。因为如果消费者按照合同支付装修尾款，家装公司就真的会赔本。所以在这时，家装公司会想尽一切办法要钱。一些家装公司往往让施工队去向消费者要钱，并对消费者进行威胁。有些家装公司还会跑到户主的单位去无理取闹，甚至不让消费者进入新居、以抢占房屋来威胁消费者。更有甚者，少数家装公司还对消费者的人身安全构成了威胁。这时消费者也只好花钱消灾，自认倒霉了。

目前，这种"钓鱼"现象在京城的家庭装修领域较多，很多消费者因此受到很大的损失。由于目前家庭装修的价格比较混乱，客观上也助长了家装公司对消费者进行"钓鱼"。

● 家装内幕：非正规家装公司的骗人伎俩面面观

目前并不规范的家装市场给了各种非正规家装公司生存的机会，他们往往利用业主本身对装修不知情来骗取装修的高额利润。据了解，非正规家装公司的骗人伎俩主要有以下几个方面：

(1) 设置材料陷阱

由于业主对家装材料的成色、品牌、价格不熟悉，一些施工队往往在此方面做文章，利用以劣代优、以低价报高价、以次品报正品来欺瞒业主，使业主多花冤枉钱。这种手法在包工包料的形式中多会出现。

(2) 拖延工时陷阱

大多数业主都不会计算和掌握工程进度,某个项目要多少工时才能完成,往往心中无数,全凭施工队自报工时。于是,一些"马路游击队"往往乘机采取窝工的手法来拖延工期,使一日可以完成的工程量,变成两天甚至三天方可完成的进度。

(3) 隐蔽工程陷阱

家装过程中的隐蔽工程主要有电的暗装布线;水管的地下铺设;下水道的改造等。这些工程由于在家装完成时,均会被外批荡及地砖遮盖,故施工队可以随意加大米数、平方米数来与业主核价结算。此类陷阱在各种承包形式的工程中都有可能出现。

(4) 结算陷阱

此类陷阱也多为那些无证公司及马路游击队所喜用,他们利用业主的大意及不熟悉家装业务项目,采用多报米数、平方米数或重复计价的方法来达到多收工费的目的。如地砖的铺设、墙砖的粘贴、衣柜、厨柜、书架、书台的丈量核算,都容易被他们钻空子。

家装公司的承包方式

家装公司选定后,一定要了解家装公司的承包方式有几种,以避免在日后装修过程中与家装公司产生摩擦,近而影响施工进程。下面 Allgo5 将详细向您介绍,家装公司在承包用户委托的家庭居室家修工程任务中,所采取的几种承包方式。

(1) 包工不包料。用户自备各种装饰用材料,家装公司仅按供料施工。这种承包方式适合于用户对装修材料比较精通,而且有时间、有能力采购材料,装修工程比较简单,装修材料不多等情况。

用户与家装公司只结算人工费、间接费等费用,家装公司不能在材料费中获利。用户则可节省些装修费用,但采购材料很费精力。

(2) 包工包辅料。这是目前装修市场上最流行的承包方式。这种承包方式是用户自备装修主要材料,如地砖、涂料、釉面砖、壁纸、木地板、洁具等。家装公司负责装修工程的施工及辅助材料的采购,如水泥、石灰、砂、石粒等。这种承包方式需要用户对装修主材有鉴别能力,且有时间和精力采购,还要面对装修主材品种不多等情况。

用户与家装公司只结算人工费、机械使用费、辅助材料费以及相应的间接费等。家装公司可以在人工费、辅助材料费及间接费等方面获利。用户可少为采购辅助材料而操心,但自购主料也是很辛苦的。

(3) 包工包全料。家装公司按用户提出的装修设计与要求，全部承包装修工程任务的施工及其所用材料的采购。这种承包方式适合于用户对装修材料不熟悉，且无时间也没有能力采购材料，家装公司能按用户要求采购到各种装修材料，装修材料品种繁多等情况。采用包工不包料方式的弊端是：用户对材料的质地、用途了解甚少，容易买质次价高的材料；由于购买量小享受不到材料店提供的批发价，且运费高；一旦工程质量出现问题后，是工艺质量问题还是材料质量问题，责任不好分清；工人在施工中极易对剩料造成浪费。

采用包工包料的方式，前提是建立在对家装公司的充分信任的基础上，这样用户可少为家居装修操心。因为家居装修施工期至少一两个月，用户在此期间忙忙碌碌、东奔西走，既耽误工作，又费精力。为此，委托给信誉高的家装公司全承包是个好主意。注意选择透明度高的正规家装公司。

■ **Allgo5 专家提示：**

采用包工包料方式的主要风险在于家装公司的信誉度。建立在对家装公司的充分信任的基础上，用户可少费精力。但如果碰到不良企业，可能就会出现以次充好、以少充多等情况。为此，消费者采用包工包料方式时，最好委托给信誉高的家装公司，切不可委托给马路游击队。

注：全国各地信誉好知名的家装公司详见 Allgo5 网站（http：//www.Allgo5.com）。
以北京为例，家装市场近期装修指导价格详见本书附录一。

怎样正确签订家装合同

很多消费者对合同文本的具体条款并不十分熟悉和了解，在实际使用时，由于某些条款的疏漏，也会造成与装饰公司的纠纷或工程的延期。正确签订家装合同具有以下重要的意义：①省钱；②有质量保证；③有"心理"保证；④有售后服务保证。

如何正确签订家装合同呢？下面以北京地区为例，向您详细介绍。

Allgo5 专家从北京市建筑装饰协会家装委员会了解到，北京市家庭装饰装修使用的正式合同为北京市工商局 1999 年 9 月 1 日颁布的《北京市家庭居室装饰工程施工合同》。在北京地区施工的家装工程都必须统一使用此合同。

合同签订前的 7 项原则：
(1) 应查看装饰公司是否有工商营业执照。
(2) 应查看装饰公司是否具有资质证书。

(3）应让装饰公司先出设计草图。

（4）考察装饰公司用的是否是北京市工商局颁发的装饰工程施工合同。

（5）除签订合同以外，还需要有第三方认证，如果装饰公司没有办理这方面事情，您可要谨慎。

注：第三方认证是指与消费者签订家装合同的家装公司所隶属的主管机构。消费者在签订合同的同时，一定要到家装公司所属的主管机构服务台检验合同，并加盖家庭装饰专用章，否则，一但发生问题，消费者的售后服务权利将受到损害。

（6）核实报价，看一看装饰公司执行的是否是北京市行业指导价，否则不要轻易签订合同。

（7）询问装饰公司施工期间他们自己是否有质检员到施工现场巡检，能否提供质检记录。

■ Allgo5 专家提示：

我们看到的合同封面是北京市家装居室装饰装修工程施工合同（1999版），下面要填写是发包方（甲方）、承包方（乙方）各是谁、资质等级及合同编号，最下面写的北京市工商行政管理局监制，日期是1999年6月。现在家装工程统一发的是家装资质证书，您一定要查看装饰公司是否具有资质证书。另外提醒您注意，合同必须加盖施工单位的公章，以保证合同的合法性。

合同首页有使用说明，第一是此合同文本适用于行政区域内的家庭居室装饰装修工程；第二是工程承包方（乙方），应具备工商行政管理部门核发的营业执照，并具有承揽家庭居室装饰装修工程的相应资格；第三是甲、乙双方当事人直接签订此合同的，应一式两份，双方当事人各执一份；凡在本市各家庭装饰装修市场内签订此合同的应一式三份（甲、乙双方及市场有关管理部门各执一份）。

合同第一页是北京市家庭居室装饰装修工程施工合同协议条款。您要将合同中的发包方（甲方）、承包方（乙方）写明，特别是承包方一栏，应写明装饰公司的名称、营业执照号、注册地址、法定代表人、委托代理人、本工程设计人及施工队负责人。

合同签订时16个基本点：

（1）合同第一条是工程概况，首先是工程地点，一定要填写详细；其次是工程承包可采用三种方式，即乙方包工，包全部材料；乙方包工、部分包料，甲方提供部分材料；乙方包工，甲方包全部材料，采取何种方式完全由甲方决定。其次是工程期限，最后将合同总造价写清楚。

（2）合同第二条写到，若本工程实行工程监理，甲方与监理公司另行签订《工程监理合同》，并将监理工程师的姓名、单位、联系方式及监理工程师的职责等通知乙方。

（3）合同第三条是施工图纸。合同中规定了两种方式，第一是甲方自行设计并提供施工图纸；第二是乙方设计并提供图纸。

（4）合同第四条规定了甲方的工作，即您的施工地要具备施工的条件。

（5）第五条规定了乙方应做的工作，即避免野蛮装修。

（6）第六条是工程变更。

（7）合同第七条是材料供应。第一按合同约定由甲方提供的材料，甲方应在材料到施工现场前通知乙方，双方共同验收并办理交接手续；第二按合同约定由乙方提供的材料，乙方应在材料到施工现场前通知甲方，双方共同验收。

（8）合同第八条硬性规定了工期延误的解决方法。

（9）合同第九条是双方约定本工程施工质量按照2000年3月1日执行的《北京市家庭装饰工程质量验收规定》。

（10）合同第十条是双方约定在施工过程中分几个阶段对工程质量进行验收，合格的填写是：第一阶段即主要材料进场时验收；第二阶段是隐蔽工程结束后进行验收；第三阶段即工程全部结束，验收合格用户签字，结算完毕，进入保修，去现场验收即可。乙方应提前两天通知甲方参加验收，阶段验收后，应填写工程验收单。

（11）合同第十一条是几种工程款支付方式，一种是开工前先付60%，然后在工程进度过半后，将其余的40%缴付给该公司所属的家装交易市场合同认证处，再由市场根据工程进度和质量付给装饰公司。另一种是分三次付款，您可按开工前三日付60%、工程进度过半付35%、验收合格后付5%来安排。

注：过半工程是指木工活结束，即木工收口结束。详细内容请参见下面章节。

（12）合同第十二条是违约责任，其中规定合同双方当事人中的任一方因未履行合同的约定或违反国家法律、法规及有关政策规定，受到罚款或给对方造成经济损失均由责任方承担责任，并赔偿给对方造成的经济损失。一定要认真填写，出了问题，全靠它的约定赔偿您的损失。

（13）合同第十三条是合同争议的解决方式，首先您可以填向家装公司所在的市场的管理部门申请解决，如果解决不了，可到所在区消协或北京市建筑装饰协会家装委员会调解，实在解决不了，可向当地（区或县）人民法院起诉，由法院裁决。

（14）合同第十四条是几项具体的规定，涉及到垃圾清理费、施工期间及工程竣工验收后钥匙的保管及更换、施工期间乙方每天的工作时间等等。

（15）合同第十五条是附则，其中规定合同必须经双方签字（盖章）后才能生效；本合同签订后工程不得转包；甲、乙双方直接签订合同的，本合同一式两份，甲、乙双方各执一份。

(16)其他约定条款。双方把保护自己的利益方面填写得越详细越好,这样可以约束双方、可以避免许多纠纷的发生及发生纠纷后解决起来非常容易。另外,约定的条款在双方认可的情况下市场还要加盖合同认证专用章,代表市场已经认可了双方签字的约定条款。

■ **Allgo5 专家提示:**

小心装修商在材料报价单上玩文字手脚

目前有些装修公司,特别是一些路边装修队,先用低价策略吸引客户,然后签约时,利用客户不懂行情的弱点,趁机在材料报价单上玩些文字手脚。如地面铺设复合木地板,就笼统地说成"复合木地板",殊不知,复合木地板,不同品牌价位大不相同,即使同一种品牌,也有不同的规格、品种、等级,其价位也不尽相同,一般消费者是很难完全弄清的。所以,在签约时,一定要仔细斟酌,具体标明,不要让人钻了空子。建议自己多去材料市场了解一下行情,以及到Allgo5光盘或网站上查询。让您足不出户,即可了解详细情况。

签订家装合同的注意事项

滴水不漏才能无后顾之忧,家装合同的签订是家装过程中的一项重要环节,然而你知道合同中都有哪些漏洞?签订家装合同都有哪些注意事项呢?本章节将为您指点迷津!

1999年9月1日,北京市工商局颁布了《北京市家庭居室装饰工程施工合同》,这份合同根据新出台的《合同法》,弥补了原有"试用本"的不足。您在签订家庭装修工程合同时,可要求装饰公司采用这份标准合同文本。在签订这份合同时,您要注意以下几点:

1. 资质等级要注明

新合同在封面上有"资质等级"这一项。您要监督各装饰公司如实填写,并验看相应的"资质等级证书"。目前国家建委推行的资质等级有两种,一是"设计资质等级",一是"施工资质等级"。这两种资质等级分别代表该公司的设计和施工能力,不能混为一谈。

提示：有无资质证书是判断装饰公司是否合格的一个重要条件。一般来讲，具有四级以上资质证书的装饰公司就可以为您的家庭装修了。

2．承包、挂靠企业要填写委托代理人

有时为了省钱难免要找一些小的装修公司，但要注意以下事项：合同中的"发包方和承包方"一项中，有"委托代理人"一栏。如果装饰公司属挂靠、承包企业的，"委托代理人"一栏中，要填写法人委托的代理人姓名及联系电话，并请该公司出示由被挂靠单位法人开具的"法人委托书"。

3．设计责任要分清

在新合同第三条中，如果消费者（甲方）提供图纸，甲乙双方应在甲方提供的图纸上签字、盖章，并在补充协议中注明，如因甲方提供的图纸有误，乙方不承担设计责任，由此造成的经济损失应由甲方承担。

提示：签订合同时，一定要留意甲乙双方所承担的责任问题，甲乙双方的责任要分清，以免甲方在签订合同时，因条例没有审清或责任没有分配清楚，而让乙方有利可图。

4．水电费由谁来付

合同第四条第二款规定，甲方提供施工期间的水源、电源。施工期间发生的水费和电费由谁承担，甲乙双方应有明确规定。

提示：一般甲方应给乙方规定一个合理的水源、电源用量范围，范围内应由甲方提供，如是乙方非正常原因（如故意损耗、严重浪费或操作失误等）造成的费用由乙方进行支付。

5．管线改造要慎重

对于合同第四条第4款所做的规定，您要审慎对待。因为大多数物业管理单位，都有"不允许改动和遮蔽煤气、燃气管道，水表前的管线也不能拆改"的规定。对于暖气的拆改，甲乙双方应有协议规定双方的责任。

提示：如因乙方失误造成管线的损坏，甲方有权要求乙方赔偿（甲方最好事先向乙方收取质量保证金，以防在造成管线损坏时，乙方不予承认）。另外，如管线进行改造，物业将不再提供保修。管线的改造没有按照物业规定来改造，交纳给物业的押金也将不予退还。

6．工程变更要成文

合同第六条规定，工程项目变更应手续完备，双方签字认可。甲乙双方及时办理变更手续，变更项目合计金额超过2000元以上的，更应及时对合同进行补充。另外，在变更工程项目的同时，双方应对工期进行相应的变更，以保证甲乙双方的合法权益不受损害。

提示：一般工程期在施工到完工正常的情况下，都会向后推迟7～15d，业主要对此有所认知，提前与施工单位协议，以免到工程后期甲乙双方产生摩擦。

7. 材料验收要双方签字

合同第七条规定：对于装修材料的验收，应由甲乙双方共同确认验收并签字认可。材料验收单应对材料的品种、规格、级别、数量等有关内容标注清楚，材料验收时，公司的质检人员应到场并主持验收工作，如由施工队代行验收，公司应承担一切后果和责任。另外，验收的材料应与合同中规定的甲乙双方提供的材料相符。

提示：材料验收时，应按照正规装饰公司提供的《装修材料验收表》逐项进行核对。在合格的材料边上打上对号，以免验收时将材料混淆。

8. 质量标准有规定

一般您在签署合同时，有关验收标准可选择第一项，即按《家庭装修工程质量验收规定》执行。

提示：对各项工程质量的验收请参阅"最终验收一章"。

9. 验收时间、次数要写明

合同第十条中，有对质量验收时间和次数的规定，一般您只要在隐蔽工程结束、卫生间防水做完，以及墙地面装饰完毕，这三次去现场验收即可。另外各阶段验收后，装饰公司应以书面形式通知甲方。

提示：验收一定要按时进行，如不按时进行一旦发现问题，将对以后的装修造成严重的影响（详情请参见后面章节）。

10. 付款方式有变动

新合同规定了两种付款方式，一种是开工前先付60%，然后在工程进度过半后，将其余的40%缴付给该公司所属的家庭装饰装修交易市场，再由市场根据工程进度和质量付给装饰公司。另一种是分三次付款，您可按开工前60%、工程过半付35%、验收后付5%来安排。另外，工程进行到何种程度才算"过半"，增、减项目的款项何时交付，甲乙双方应有明确规定。

提示：第一种工程款支付方式仅限于在市场内签订的合同使用，合同需经市场有关管理部门认证。其他支付方式可在合同中另行说明。工程"过半"一般指木工收口完工后。

11. 附表填写必须清楚

新合同中有10个附件，其中每个附件中都有表格。消费者应监督装饰公司认真如实填写。填写项目要详细、具体，避免今后产生纠纷。

提示：客户应要求设计师，提供相应的的工程图纸，如平面图、立面图、剖面图及有关图纸，图纸最好用 A3 的复印纸，要求尺寸标注准确、并配有图标和必要的文字说明。

《北京市家庭居室装饰工程施工合同》详见本书附录二。

12．补充协议的签订

消费者在签订合同时，如果觉得合同中的一些条例不够详细，可在合同上注明，要求添加补充协议，附到合同后面，由装修公司出打印本，一式三份。补充条件内容可由公司或业主陈列。

Allgo5 家装省钱指导

装修时你想要省时、省力、省心，更省钱吗？省钱有很多方法，但如果选错了方向，就会产生相反的效果。在这里，Allgo5 专家告诉您家庭装修如何省钱、装修造价如何降低。

1．家庭装修怎样省钱

所谓省钱，是指用钱的合理化——把钱用在刀刃上，它不能以低质低效为代价。在装修的重点问题上，不该省的不省，该省的一分也不应多花，这是现代人的意识。有些人的观念是千方百计"省钱"，但最后得到的是低劣产品。

省钱途径：

（1）全面了解装修公司情况，了解装修过程中都有那些"漏洞"和"猫腻"，装修商最容易在哪些环节使用手段欺骗消费者。然后根据您所了解的情况，避开这些误区进行完整、统一的设计，可以把浪费降到最低。

（2）采用"画龙点睛"的方法。重点装修的地方，可选用高档材料、精细的做工；其他部位的装修采取简洁、明快的办法，材料普通化，做工简单化。

（3）依托有装修公司是省钱的捷径。大的装修公司在选材上有固定网点，材料优价；在施工上有经验，做工精细；服务上可配套，质量有保证。因此，最好不要自己直接请工人施工，表面省钱，实际可能因为您的错误选择而造成更大的经济损失。

（4）遵循规矩，把好预算决算关。在施工过程中难免变动修改，应参照原始项目单做好过程记录，以便决算中清理增减项目。

（5）经过对以上途径的了解，你学会如何省钱了吗？如果还不太清楚的话，Allgo5 再告诉您一条捷径，加入团购网是最省时、省力又省钱的好方法。不用担心质量问题，由厂家直接送货上门。让您花最少的钱，用最好的产品。

2. 如何降低装修造价

人们都希望装修居室时既美观又省钱，这里讲"省钱"并非意味着降低质量和效果。

（1）装修材料的质量分上、中、下几个等级，但同一等级材料，会因来源问题令价格不同，因此货比三家永远是适用的。

（2）采购材料时，尽可能多听取设计师或装修工人的意见，然后购买。尽量不要和设计师一同去购买，不要因为他们知道何处可以买到物美价廉的材料，而一时大意。因为材料商对这些长期的客户，会报很优惠的价钱。事实上目前市场上存在着一种杀熟现象，也许第一次给您的价格很优惠，但次数多了，材料商和装修人员就会产生利益关系，到时吃亏上当的还是消费者。

（3）采用"大部分便宜小部分贵"的办法。多数材料和做法采用便宜的，少数画龙点睛的部分采用高价位的物品，这样看起来会有较高的格调。

（4）选择在年末或装修淡季的时间装修，此时价格通常会下浮。

（5）不要找新开张的装修公司，因为一个运作不成熟的公司，它所犯的错误而引致的经济损失，最终有可能会转嫁到客户身上。

（6）除非你要施工的量很小，否则最好还是请专业设计师替你规划设计，这样可以使你的钱都落到实处，并取得应有效果。

Allgo5 休闲小课堂

选择家装公司、签订装修合同时存在着许多误区和陷阱，一不小心被骗走钱财不说，更有可能留下难以修补的麻烦。Allgo5专家在这里大声地告诉您"小心"。以下妙趣横生的真实小故事就是教训。提醒您千万别重蹈覆辙！

1. 慎让"熟人"装修

小王夫妇省吃俭用6年后，终于在四环外买了一套一居室。房子钥匙拿到后，两人去看房子，当钥匙插进锁孔旋转的一刹那，小王的心居然怦怦地跳，推开房门，妻子轻轻地跟在他后面，没有一点声音，在卧室里，小王回过头来，妻子的眼里已饱含泪水，两人相拥在一起。

紧接着是装修，为安全起见，小王请了一个亲戚孙小木，他搞装修已经十几年了，小王和他说了自己的想法，孙小木就乐了："行，这活儿一个星期完事儿，你放心，目前我装修的这个四星级宾馆是忙点，可你的事就是我的事儿。"紧接着孙小木又环视了一下四周说，"一万五千块钱，我选用最好的材料，最精悍的人员，加上人工，要是外人两万都打不住，谁叫咱是亲戚又是同学呢。"当时小王真有点受宠若惊的样子，唉！这小木好像就知道他还有这一万五千块钱，要不，还得和别人借去。房子一天比一天漂亮。第5天，孙小木来了，风尘仆仆的："怎么样？大哥，还行吧？嫂子先说，嫂子最有发言权。"小王媳妇特满意，对小木说："叫嫂子说，俩字——没挑。"小木说："这回我可是保本，不说别的，就说这只壁灯，是目前的时尚产物，特点是柔和，闪点小，不伤眼的，别看不起眼儿，300元一只。"果然，一个星期完工。乔迁的时候，小王请好朋友张万东来评审，张万东是开装饰材料店的，张万东笑了笑说："装修这行我不懂，但是装饰材料我懂。"小王问他说："像这只壁灯大约多少钱？"他说"三十元吧，跟我店里的一模一样。他用的材料全都是我的。"顿时，小王的心里像塞了团棉花，他不愿告诉妻子，就让她沉浸在幸福之中吧。

■ **Allgo5 专家提示：**

目前市场上存在着"杀熟"现象，所以千万不要找熟人装修房子，否则一旦出现问题，不但吃亏受骗，严重的可能连朋友都做不成了，到时候就真的是人财两空喽！

2．装修"黑洞"何时能补

不当家，不知柴米油盐贵；不亲自装修，不知其中的百般滋味。每一个有过家庭装修经历的人都积了满腹苦水，只有亲身体验了家庭装修的全过程，才能真正感到其中的千辛万苦。

选择装修公司时，老李便隐隐感觉这将是一个烦恼不断的历程。在反复讨价还价、参观样板房后，一家报价优惠的公司进入了老李的视线。随后，一切进行得非常顺利。然而，签合同时，公司突然提出重新商谈价格，提高当初的报价。原来，公司看老李缺乏装修经验，又急于赶工期，便"趁火打劫"。老李一向讨厌言而无信，便毫不犹豫地辞掉了这家装修公司。如此一来，白白耽误了半个月的时间。

开工后，老李真正"见识"了装修的"黑洞"。铁钉是装修中最常用的五金材料，这种很容易被忽略的小物品竟然也能被"利用"了。按照约定，装修工人直接到小区附近的五金商店"签单"拿钉子，老李每隔一段时间去结账。一次，他突然发现工人竟在两天内"用"掉了40kg铁钉！惊人的消耗量使老李疑窦顿生。一打听，才知道工人利用"签单"权利购买了其他东西，然后全算在铁钉账上。而这种"充账"花招竟是装修圈里约定俗成的"规矩"。

与装修工人的铁钉"花招"相比，建材商的手腕更"高明"。老李跟一位有装修经验的亲戚去买板材。亲戚告诉他，一般建筑商与装修公司都有"业务关系"，我们最好假装成装修公司职员带房主去买材料。果然，建材商"上了当"，把老李当作装修公司职员，找机会支开他的亲戚后对他说："只要你能帮我说服房主高价买下板材，我就给你业务提成"！

购买材料的经历让老李认识到，涉及外购材料的环节都可能存在陷阱。同样吃过装修苦的朋友又告诉他，装修工人偷工减料的行为更令人头疼。

这位朋友与老李几乎同时装修，他采取的是包工包料的省心方式，想不到却费尽了心神。比如，工人使用水泥时偷工减料，沙子多、水泥少，造成客厅水泥地面极为"脆弱"，轻轻一敲就层层脱落，连续返工两次均不见改善，最后朋友本人亲自上阵，提高了水泥和沙子的掺和比例，才解决了问题。此外，许多类似问题导致整个装修工程返工不断、完工期限一再拖延。

谈及装修，老李感慨万千，费尽心思防范这些防不胜防的装修陷阱是家庭装修的真正的苦！

■ Allgo5 专家提示：

装修时不要只防范大的装修"黑洞"，小的装修材料也可能成为装修工人的"利用"工具，更要防范装修圈里约定俗成的"规矩"。

3．小心装修公司"三个陷阱"

搞过家庭装修的朋友可能都有这样的感受：四处奔波尚算不了什么，防备装修"陷阱"却令人身心俱疲。最可气的是，明明知道自己被"宰"了，却蒙在鼓里。

装修时，小张认为，只要能控制住总投入、装修效果好，就行了。还有，只要请了专业家装公司，签了合同，就不必担心受骗了。后来才知道装修的许多环节都有可能被利用来做手脚，最后"受伤的"往往是自己。

在这里小张根据他的装修经历，再结合朋友的经验，总结了装修过程中的几个较为隐蔽的"陷阱"，给正准备装修的您提个醒儿：

一是包工包料陷阱。有些人装修图省事，喜欢报一个总价，由装修公司包工包料。装修公司为降低成本，往往会使用价格低廉、质量较差的材料。装修完后，房间的总体视觉效果可能很好，但几年之后材料问题就暴露出来了，如家具板材变形、墙面漆脱落等。而此时，装修公司已避开了责任期。

二是手工费陷阱。包工不包料即由业主自行采购材料，是时下比较流行的装修方式。在商议手工费时，装修公司一般按项目分别单列，比如木工按家具尺寸报价、漆工按家具面积报价等。这种报价方式让您觉得每一项都不贵，最后结账时，您却发现总的手工费大大超支。究其原因，主要是许多房主没有装修经验，不清楚家具的实际尺寸、面积，装修公司便利用这一点给房主设"套"，将总费用分列摊薄，造成了"便宜"假象。

三是材料采购陷阱。家庭装修涉及采购多种材料，如五金、板材、建材等。如今，市场上各种品牌、各档价位的商品令人眼花缭乱，房主因平时很少接触这些商品而缺乏辨别力。有的装修公司利用房主不懂行，与建材商"唱双簧"，从而以高价向房主推销低档建材。比如，不同材质的实木地板，虽然外观差别不大，但质量、价格却相差很远。装修公司将房主推荐到"放心"的建材商店，给建材商介绍"业务"的装修公司可以心安理得地拿到提成。

■ Allgo5 专家提示：

装修前，首先要做好前期调查，参照同类户型的家庭，向房主详细了解装修开支，做到心中有数；然后，根据自己掌握的行情与装修公司谈判，签订装修合同。不要做"甩手掌柜"，要尽量自己到正规商店购买材料，买材料时要牢记"货比三家"的原则。

4. 装修别入歧途

在经受了三年多居无定所的拆迁生活后，小赵一家三口终于回迁到新楼房中。捏着手里的新房钥匙，憧憬着对新家的美好设想，一家人一猛子扎进了"雾里看花"的家装大潮中。

为了确保装修质量，他们找到一家大型的家装公司。从开始讨论装修项目、测量面积、价格预算到后来签订合同都很顺利。待到材料入户，工人进场便大干起来，经常还有该公司监理亲临巡视，他们非常放心，准备坐享其成。忽一日，小赵奔到新房突击检查，却发现工人所用材料与当初运进场中验收的材料大有出入。遂一一查验，果然有很多小毛病。投诉到公司总部，总算以解除合同了事。

望着已被破相的新房，无奈之下，于是小赵决定自进材料包清工。为了防止施工过程中偷工减料，妻子从广告上找到一家装修公司，几经考核，选定了一位最有经验的老牌监理出任。于是小赵和妻子几进建材市场，把各种材料运进家门，先拆掉原来的装修，从头再来。这次材料货真价实，施工质量有自家人监督，一切稳稳当当地进行。随着竣工日期的临近，监理与工人的关系越来越融洽。终于有一天，监理向他们提出，此乃优质工程，各个项目都是精工细做，所以，超时有情可原，还得10天才能完工。工人要求加工钱，你们就给了吧。谈好的工钱翻了番，小赵傻了眼，冲妻子喊："他到底是谁请来的？"

无奈木已成舟，还是妻子明白："学什么不得交学费呀，毕竟这装修对于咱是头一回。"

■ **Allgo5 专家提示：**

　　新房钥匙拿到手后，不要在对家装一点都不了解的情况下忙着装修。一定要对家装有一个整体的概念和方案后，再着手装修的事宜，以免事后后悔。如果你看了以上内容还不明白的话，请登录http：//www.allgo5.com，你会得到满意的回答。另外，选择监理的时候，一定要选择信誉高、服务好的监理或自家人进行监理工作。选择家装公司流程可参见图1。

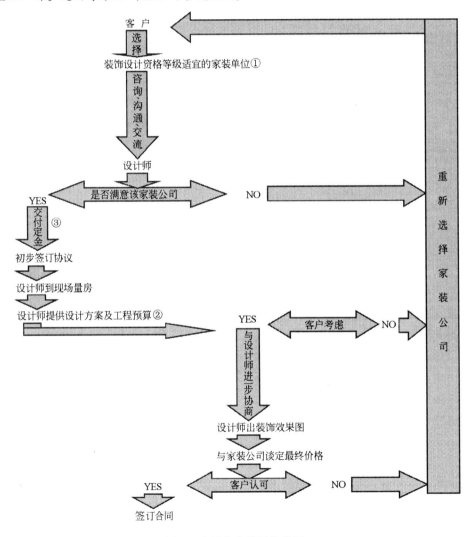

图 1　选择家装公司流程图

注：①豪华装修宜委托给甲级单位；高档装修宜委托给乙级或乙级以上单位。

②设计师绘出设计方案图及施工图,应附上设计预算书。设计方案图包括:地面平面图、顶棚仰视图、墙面立面图、门窗立面图、室内局部空间秀视图以及彩色效果图等。施工图是指某些装修部位的构造做法及用料说明。设计预算是说明各装修部位需要多少费用。装修效果图一般只出一张喷墨打印的彩色效果图即可。

③以上方案适用于自我监理方案。

④一般为500元左右。

家装材料选择与把关

家庭装修过程中需要选购大量的材料,其费用自然也是一个不小的数目。如果没有这方面的相关知识,更没有购买装修材料的经验。面对充满陷阱和诡诈的家装材料市场,您是否正在为此发愁呢?

作为外行,多花钱是心有预知的。可气的是,多花了钱买到的却是劣质产品,到时候后悔都来不及了!如果选材不当,带来巨大经济损失的同时还会给你及家人身体健康带来不良的影响。家庭装修——选材至关重要!

针对这种情况,Allgo5 家装专家给你全面的指导,本章中将家庭装修中的主要装修材料的选择及其购买作简要的介绍,更为详细的内容可以到 Allgo5 网站上查找。通过对本章的阅读,让您轻松鉴别材料真伪。可以为您在家装材料的购买中省下 20% 的资金,同时也为您的家装质量打下良好的基础。

家装材料中地面材料、墙体材料、卫浴设备、顶部材料、厨房设备、门窗、木材、家具占据了材料费用的 80% 以上,

本章主要针对消费者选材关心的热点问题:

(1)如何判断材料的质量;

(2)怎样进行绿色家装的选材;

(3)选材的误区;

(4)市场的主流品牌以及价格;

(5)流行趋势;

(6)专家特别提示及其技巧。

借鉴本章所介绍的方法将给您的选材带来极大的方便。

除以上材料外,还有家具制品、木材、灯具、装饰线、五金件等附属材料,其选择方法可以到 Allgo5 网站上查找。

本章最后一部分将对现在正在兴起的团体购买方式进行详细介绍。

防盗门的选择

门窗作为现在居室装修中重要的一部分,其选择也许令你毫无头绪。面对市场的重重陷阱,如何选择优质的门窗?怎样购买才能更加省钱、放心?什么样的门窗更能营造您具有个性的居室氛围?下面简要阐述门窗选择的要点。

1. 判断防盗门的优劣

第一，可以从防盗门的填充物开始，把猫眼从门上拧下来就可以查看其填充物，如果有的猫眼已经安好，而且是拧不下来的，在安装门锁的时候也可以看。目前，比较规范的填充物是发泡剂，最好是矿渣棉。低档防盗门填充物采用蜂窝纸。然而一些厂家，用一般纸壳填充，就属于伪劣产品。

第二，防盗门的厚度是关键。国家规定，防盗门的钢板厚度要达到 0.1cm 以上，但是一些小作坊制作的防盗门厚度根本达不到。此外，就是用热轧板代替冷轧板。冷轧板的伸展性好，有韧性，但是价格较贵。鉴别防盗门优劣最简单的办法就是用手敲一敲防盗门。声音听着发实，可以说明钢板的厚度够，而且填充物实在。如果声音听起来"噗噗"的，就说明钢板厚度不够。

第三，好的防盗门钢板里面还应该是镀锌或经过磷化的。防盗门必须有防盗龙骨，防盗龙骨一般有格栅状和 S 状两种。S 状省料，但没有格栅状的结实。

2. 防盗门选择陷阱及误区

新的防盗门的包装是完好的，安装工人当着客户的面打包，钥匙应该在包装里面，钥匙的包装也应该是完整的，要当着客户的面装上锁芯，装上锁后，再把钥匙交给客户。但如果门的包装本身就有破损，而钥匙装在工人的兜里，就有可能是复新门了。切不可马虎大意认为这是小事。

锁是防盗门的一个重要环节，但并不是锁点越多越好，不论有多少个锁点，中心都在锁芯上，只要锁芯坏了，再多的锁点也没用了。一般只要有 4 个锁点就足够了。

■ **Allgo5 专家提示：**

消费者在购买防盗门时最好查看产品相应的技术检验证明，如防火检验报告、密封性检测报告以及公安局发的生产销售许可证等。

正规的厂家都有售后服务固定电话，建议你为稳妥起见购买之前首先拨打一下服务电话是否为空号，如果是手机号码，一般不太可靠，需要谨慎。

为了维护自己利益，最好是在签合同的时候让厂家注明使用了何种填充物，这样在安装时如果发现填充物不对，可以依此向厂家讨说法。

3. 防盗门购买省钱方案

在购买防盗门时，可以打电话到厂家询问市场价格，然后多到几家大建材商城或者防盗门的专卖店去了解一下，对几个档次防盗门的价格做到心中有底。如果您没有太多的时间去了解这些信息，又不是特别着急购买，参加团购是一种好的购买方式，其价格和质量都可以得到保障。

4．防盗门主流品牌

现在市场上较为流行的防盗门主要有："王力牌"、"盼盼牌"、"日上牌"、"龙甲牌"、"归燕牌"、"飞云牌"、"富新牌"、"虎振牌"、"金鹰牌"、"邦德牌"等。

以上这些品牌信誉质量比较可靠，值得消费者信赖。

5．防盗门流行趋势

为了保障安全性，防盗门开锁颇为复杂。现在市场上新推出了一种磁码锁防盗门，开锁方便，大有流行趋势。

门窗的选择

在现代居室装修中，人们对于门窗的要求是美观耐用，要求在户门的装饰上有变化，突出装饰效果。

1．判断门窗质量

现在家装门窗主要分为木门窗、金属门窗、塑钢门窗等类型。由于塑钢门窗是现阶段最为流行的家装门窗，所以这里仅讲述塑钢门窗的质量辨别。

第一，重视玻璃和五金件。玻璃应平整、无水纹。玻璃与塑料型材不直接接触，有密封压条贴紧缝隙。五金件齐全，位置正确，安装牢固，使用灵活。

第二，门窗表面应光滑平整，无开焊断裂。密封条应平整、无卷边、无脱槽、不掉色、胶条无气味。门窗关闭时，扇与框之间无缝隙。

第三，推拉门窗开启滑动自如，声音柔和，无粉尘脱落。门窗框、扇型材内均嵌有专用钢衬，特别注意：因为钢衬无法从外面看见，所以一些厂家在型材里装铁皮以增加重量。玻璃应平整，安装牢固，安装好的玻璃不直接接触型材。

第四，不能使用玻璃胶。若是双玻平层，夹层内应没有灰尘和水汽。开关部件关闭严密，开关灵活。特别注意，塑钢门窗均在工厂车间用专业设备加工制作，不能在施工现场制作。

第五，观察塑钢门窗表面的光洁度，有无明显划伤，几何尺寸是否稳定，看焊角处是否有裂缝等等。

第六，塑料型材有燃烧但不助燃的特性，它遇见明火是会燃烧的，但明火离开后它会在3秒后自熄。

2．门窗选择误区及陷阱

产品质量陷阱：某些商家主要采用以次充好的方法：一是采用小号的型材，本来这种型材是用来制作门窗或室内隔断的，有些经销商却用来给消费者封装阳台。由于强度不够，所以很容易出现质量问题；二是干脆使用不合格的塑钢型材，这种塑钢型材在使用中会出现变形、开裂、掉渣和变色等问题。

安装陷阱：施工队粗制滥造问题几乎比比皆是。由于施工人员对于这种新材料的安装工艺不熟悉，因此在安装中往往会出现松动、倾斜等问题。目前大多数住宅的窗户和阳台，在建筑设计和施工中都没有考虑到更换窗户和封装阳台的问题。所以在装修时安装塑钢门窗，会出现破坏原有建筑结构、接缝不严导致雨水渗入等问题，业主需要多加小心。

国家有关部门已出台塑钢门窗的产品质量标准，北京市出台的"家庭装饰工程质量验收规定（试行）"中，有关于门窗和阳台封装的有关验收标准。在进行家庭装修时，如果选择了塑钢门窗或用铝合金材料制作门窗和封装阳台，要注意材料本身的质量和安装的问题，以免出现质量问题纠纷。

3．门窗流行趋势

由于塑钢门窗具有保温、隔声性能好、不易变形、易擦洗等优点，已经成为家装首选，目前，并将在未来一段时间内流行。

4．户门风格的选择

（1）客厅门：多采用开敞式，不安装厅门。但大多数客厅都带有阳台，客厅与阳台之间的这道门，直接影响客厅装修的整体风格。这扇门的设计是客厅设计的重点之一，通常都采用清水玻璃造型门，这样有利于客厅采光。而优雅的混油木框玻璃门在铁艺的修饰下，显得优雅、气派，往往与白色的客厅相得益彰。在以蓝色为主的冷色调客厅中，使用暖色调的木线门加以调和，使整个客厅色彩自然、多样，但无凌乱感。

（2）厨房门：设计样式比较多，需要根据采光的要求来处理。通透的玻璃门，是厨房门门的最佳选择，但又显得单调、死板，因此在玻璃上加了些水波纹的磨砂曲线，丰富了人们的视觉感受。

（3）书房门：磨砂玻璃与铁艺结合，以优美的曲线给书房装修增添光彩。铁艺制品优美的弧线，好像具有生命力，让四平八稳的书房也活跃起来。

（4）卫生间门：大多数用木质门，这个门通常比其他门要小一些。白色混油、自带百叶窗的木门，给人温暖、舒适的感觉，不仅能提高卫生间的私密程度，而且能够散去卫生间中的水汽。

5．主流品牌

现在较为流行的门窗品牌为：美驰门窗、舒美南亚系列门、豪扉系列门、昌顺木门、凌云木门、美华木门等。

■ **Allgo5 专家提示：**

在选用某一品牌的塑钢门窗之前，您必须先向销售者索取塑钢门窗质量检测报告，查看其四项主要指标，即硬度（HRR）、低温落锤冲击试验、高低温尺寸变化率（上述三项指标按 GB 8814—89 规定）及角强度试验（按 GB 19793—89 规定）是否达到要求。通过以上四项指标的塑钢门窗质量比较好。

6．省钱方案

加入团购。

7．主流品牌价格

现市场上销量较高的一般在 700～2000 元之间。

地板的选择

家庭装修中地面装饰使用最多、最流行的是地板，石材地砖和瓷砖给人一种冷硬的感觉，而使用木质地板美观且给人一种温馨舒适的感觉。而且石材和瓷砖多少都含有一些放射性物质，对人的健康有一定影响；而木地板以天然石材为原料，木材本身对人体几乎没有伤害。

现在家装采用的地板一般分为实木地板、竹木地板、塑胶地板、复合地板等。其中实木地板的选择比较复杂，复合地板比较流行，下面对实木地板和复合地板作简要介绍。

1．判断实木地板的优劣

实木地板由天然木材加工制作而成，对实木地板的优劣程度主要从如下几个方面来鉴别。

（1）纹理：是直接判定地板好坏的标准。有规则的纹理美观大方，如配合水晶地板漆一起使用，完工后会很漂亮，为地板中的上品。纹理杂乱无章的或倒丝流的地板质量较差。

（2）色差：实木地板都存在色差，但色差不应太严重，如反差很大或干脆发黑的话，建议最好不用。

（3）裂痕：中、低档的地板都存在一定的裂痕，但不应该太大。有的裂痕产生于木材的纹理之间，这种裂痕不会延伸，可放心使用。但有的裂痕是穿透纹理的，这些裂痕会延伸，对今后有很大负面影响。高档地板不存在裂痕，但这种地板的价格比较昂贵。

（4）节子：即节疤，可分为活节和死节。活节的木材组织和周边木材紧密相连，没有缝隙。而死节的木材组织和周边的木材脱离，以至有时会整个节子脱落，留下一个洞。天然制品的活节合理分布，反而会使木质品更美，但死节的存在就不那么美观了。国家规定：凡直径小于3mm的活节子和直径小于2mm的且没脱落、非紧密型的死节子都不作为缺陷性节子。优等品是不允许缺陷节子存在。

（5）弯曲：有两种形式，一种属于水平面弯曲（呈C状），这种地板很难矫正，铺设后会留下不均衡的缝隙。另一种则是垂直面的弯曲（拱起或翘起），只要弯曲的程度不严重，则在铺设时是完全可以矫正的，不会留下任何痕迹。

2. 挑选强化木地板注意事项

（1）厚度：地板厚度应为8mm。厚度只有6mm的地板多是展览会等活动临时使用的地板，价格虽低，寿命不及8mm厚的地板。

（2）耐磨转数：是地板强度的重要指标，分为初始转数（IP）、平均转数（AT）、终级转数（ET），挑选地板时应选取相同的转数指标比较。注意：现市场上许多厂家为了追求高额利润，以三聚氢胺代替三氧化二铝。三氧化二铝的耐磨转数为4000~16000，而三聚胺氢胺为300转左右。

（3）耐水性：可取用不同样板块浸泡到水中24h，检查是否表层起皮、膨胀。

应检查地板的企口的加工质量，以及板背面防潮防腐材料的涂布是否饱满等。

3. 地板选择的误区与陷阱

（1）贪图便宜随便购买廉价地板。许多廉价的地板多是采取了偷工减料，使用劣质的原材料的手段，致使地板在使用过程中极容易出问题。例如，有的地板是采用树心材料和近树皮的材料制成。有的地板采用的木材被大量的虫蛀过，也有地板厂家甚至用组织已坏死的、霉变的木材为原料制成地板，这种地板大多非常便宜，但是不应购买。

（2）一味追求使用高档的实木地板。人们多是认为越是自然的东西越好。其实，现在复合地板的质量也越来越好，而且复合地板在色差、纹理、导热性、防火性等方面都有突出的优点。采用复合地板也是一种不错的选择。

(3) 选择过长木地板条。许多人认为越宽越长的地板显得越气派。实际上，木地板在干湿变化和温度变化的情况下，经常会发生体积变形，而木地板铺好后被牢固地固定在格栅支撑上，单块木地板条的长和宽尺寸越大，则变形对其危害也越大。一般木地板条长度不宜超过1.2m，宽度不宜超过0.12m。

● 国内首例室内环境装修污染伤害案宣判

——装饰公司被判赔偿11万

秦女士夫妇在2000年4月和北京某家装公司签订装修合同，装修位于广安门的一套两室一厅住宅。6月装修交工后，经过近5个月通风，秦女士全家于11月搬到新房。自从搬进新房，秦女士全家就开始连续不断地感冒。其中秦女士的丈夫长时间不退烧，免疫力下降，住院治疗一个多月也不见效，后来经检查发现患上喉乳状瘤。此外，秦女士的女儿因头晕摔倒在学校里，秦女士自己也持续咳嗽。几个月下来，秦女士全家的治疗费、医药费等高达数万元。新房不敢住，全家人只好在外租房。

秦女士请中国室内装饰协会室内环境监测中心对室内空气质量进行检测，结果发现，室内空气中甲醛超过国家标准近9倍。

多次找装饰公司却没有得到解决后，秦女士全家把装饰公司告上法庭。经北京市法庭科学技术鉴定研究所鉴定，秦女士一家目前临床表现病症的发生均不能排除甲醛的刺激作用，甲醛的持续刺激也使其慢性咽炎难以痊愈。

千万不要再让我们消费者步秦女士的后尘！

地板的环保性能，其主要标准是看强化木地板的甲醛释放量。选购绿色环保标准的地板符合人们对健康生活的要求，虽然价格要比普通地板贵。

4. 购买地板的省钱方案

加入团购。

5. 地板主流品牌

现在市场上的主流地板品牌主要有以下种类：

瑞嘉地板　　　万宝龙地板　　　圣象地板　　　强人地板

柏高地板　　　宏耐地板　　　欧家地板　　　欧典地板

欧朗地板　　　三威地板

6．主流品牌价位

价位一般在 65～150 元/m^2 之间。

7．流行趋势

由于目前新建的楼区采用地面供暖的方式比较多，因此适合地热取暖的复合地板将日趋流行。

8．地板选择小技巧：

将企口地板拼成正方形放在平面上检查：

（1）厚薄一致，加工精度要达到误差小于 0.5mm。
（2）接缝严密，缝隙小于 0.2mm。
（3）拼接成的正方形对角误差小于 1mm。
（4）企口条贴面缝隙小于 1mm。
（5）板面平整光滑、图纹清晰，油漆面层颜色均匀一致。

■ Allgo5 专家提示：

有的地板是采用树心材料和近树皮的材料制成，谨防不法商人提高等级标价。还有一个情况要注意，有的地板采用的木材被大量的虫蛀过，因而留有许多虫眼，这种地板的木质不是很好。有的地板厂家甚至用组织已坏死的、霉变的木材为原料制成地板，这种地板大多非常便宜，但是不应购买。

颜色较淡的地板初期比较美观，但是使用一段时间后，板缝之间会出现黑边，而且难以清洗，使装饰效果大打折扣。因此对于颜色较淡的地板要谨慎选择。

在您决定要购买那种地板的时候一定要检查产品包装、厂家、商标和质量检验、保证承诺。其中最值的信赖的是有关部门颁发的"随机抽检报告书"，权威性较大，基本能够代表产品质量的真实水平。而另一种"送检报告书"只对送检样品负责，不能够保证送检以外的产品质量，所以购买时尽量避免。

油漆的选择

家装中的油漆主要包括清漆、石漆、乳胶漆木器装饰漆、聚酯装饰漆、防腐油漆、抗菌用漆等。乳胶漆是使用最为广泛的一种油漆，现在市场上乳胶漆的种类繁多，其质量良莠不齐。质量差的漆中化学有害物质含量超标对人体健康极为不利，乳胶漆的选择以是否环保为主要判断指标。以下给您详细介绍。

1．务必选择绿色环保油漆

绿色环保产品应经过国家技监局批准、具有 CMA 检测标志。其中，进口的品牌如果是"绿色产品"，在外包装上有国际认证标识，如德国是"蓝天使"标志；国内产品要有"中国环境标志产品认证委员会认证产品"字样，才能称为"绿色产品"。

国家标准：涂料中对有害物质 VOC（挥发性有机化合物）的限量为小于 200g/L。当居室中的 VOC 达到一定浓度时，人们会感到头痛、恶心、呕吐、乏力等，严重时会出现抽搐、昏迷，并会伤害到人的肝脏、肾脏、大脑和神经系统，造成记忆力减退等严重后果。

2．如何判断油漆的质量

（1）光泽：乳胶漆的光泽除与基料乳液的成分有关外，与乳液粒径的细度有很大的关系，粒径越细，光泽越好；反之，则较差。但是粒径的细度又和乳液的流动性有关，粒径越细，流动性越差，涂刷也越困难。

（2）出厂期：乳胶漆基料的乳液，材料特性处于一种亚稳定状态，很容易因环境因素的变化而发生破坏，所以应该选择出厂时间短的产品。乳胶漆中含有大量的水作为分散介质，如果水在低温下发生冻结，其膨胀的体积会破坏聚合物粒子间的融合，导致破乳。因此，越冬的产品不要购买。

3．省钱购买策略

相对来说名牌的油漆价格比较固定，只要稍加了解就可以得到某一品牌油漆的价格。但是，如果参加团购，则可以省心省力地买到正牌的优质油漆，而且价格优惠。

4．主流品牌

在质量上有保障、信誉较好的国产品牌是红狮、吉鹿、紫荆花；进口的品牌是多乐士、立邦漆、来威漆、鳄鱼漆等。

5．主流品牌价位

见表1。

油 漆 价 格 表　　　　　　　　　　　　　　表1

主　要　品　牌	规　格	价　格	备　注
红狮牌亚光木器清漆	15L/桶	267元	
鳄鱼高级水性封固底漆	5L/桶	104元	
立邦漆"美得丽"内墙乳胶漆	5L/桶	128元	
立邦漆"永得丽"内墙乳胶漆	5L/桶	162元	
立邦漆"丝得丽"内墙乳胶漆	5L/桶	195元	
立邦漆"三合一"内墙乳胶漆	5L/桶	255元	
多乐士丽明珠乳胶漆 A913—15013	5L/桶	200元	白色
多乐士配得利乳胶漆 A921—2290	5L/桶	195元	白色
多乐士配得利乳胶漆 A921—×××	5L/桶	200元	白色
来威原装进口乳胶漆	5L/桶	390元	

6．流行趋势

现今市场上比较流行的墙面材料是乳胶漆墙面，这种墙面不易开裂、起皮、脱落，防水耐晒，耐污染，防霉防菌等优点。

7．选材误区

（1）选用深颜色的乳胶漆。乳胶漆中颜料的添加量对乳胶漆的涂膜性（即附着力、遮盖力、光泽、耐水性和耐候性等）的影响很大。一般来说，颜料掺量越多，对涂膜性能的影响越大，特别是对耐候性的影响尤为突出。因而，从使用性能考虑，选择颜料掺量较少的为好。通俗地说，就是颜色浅的比颜色深的耐久性强。

（2）国内的乳胶漆质量比国外质量差。许多人总认为国外的产品质量要比国内的好，其实不然，许多国内的乳胶漆质量都是不错的。只是国内的厂家似乎都不愿意把大笔的资金投入到广告宣传中，因此从名气上讲或许没有国外的名气大，可是质量却丝毫不逊色，而且有些乳胶漆产品的质量要比国外的产品好得多。

（3）惧怕乳胶漆毒性。乳胶漆采用水作为涂料的溶剂，是涂料家族中较为安全的材料。乳胶漆中的主要成分，例如水、颜料、乳液、填充剂和各种助剂，基本上对人体无害。

有的企业在防霉剂中加入了有机汞，在成膜助剂中使用了乙二醇等有害物质。不过这些有害物质的含量很小，只要涂刷时通风，在完全干燥后入住，不会对人体造成很大伤害。

■ Allgo5 专家提示：

目前市场上有少数劣质水性196、107涂料，打着"乳胶漆"的牌子坑害消费者。这种劣质涂料含有大量游离甲醛，对人体是有害的，因其具有浓烈的刺激性味道，比较容易分辨出来，请千万别买。

在施工时尽量不要购买便宜、质量差的刷子，这种刷子会极大地影响油漆效果。

如果你要选择其他的油漆只要稍加变通，通过对乳胶漆选购知识的了解举一反三即可。

卫生洁具的选择

卫生洁具是现代建筑中室内配套不可缺少的组成部分，卫生间已经成为人们工作之余消除疲劳、调节身心的场所，能给人们带来一片温馨和惬意。

现代居室的卫浴间既要满足功能要求，又要考虑节能、节水。其实卫浴洁具品种并不多，主要包括面盆、浴缸、坐便器"三大件"，有条件的消费者可增加妇洗器。

卫浴器具的材质，使用最多的是陶瓷、搪瓷生铁、搪瓷钢板，还有水磨石等。随着建材技术的发展，国内外已相继推出玻璃钢、有机玻璃、人造大理石、人造玛瑙、不锈钢等新材料。卫生洁具五金配件的加工技术，也由一般的镀铬处理，发展到用各种手段进行高精度加工，以获得造型美观、节能、消声的高档产品。

1．如何判断卫生洁具的质量

卫浴器具的种类繁多，但对其共同的要求是表面光滑、不透水、耐腐蚀、耐冷热，易于清洗和经久耐用等。

高品质洁具的釉面光洁，没有针眼、气泡、脱釉、光泽不匀等现象；用手敲击陶瓷声音比较清脆。劣质洁具常有砂眼、气泡、缺釉，甚至有轻度变形，敲击时发出的声音较沉闷。

2．流行趋势

随着高新技术与传统技术的完美结合，采用最先进的稀土、纳米技术，能利用细胞分解原理有效地杀死致病细菌，还能使卫生陶瓷表面附近的空气中负离子浓度增加；具有清新空气、美化环境作用的"保健"卫生洁具代表着未来卫浴的新潮流。

自洁则是电脑、红外线技术在卫生洁具上的应用。研究人员已研制出的多功能电脑坐便器，配有红外传感器，有温水清洗、热风吹干、冬天加温便器坐圈、调节喷具位置等功能。有的坐便器无声开启缓冲线路，全部由电脑控制，使用者只需摸按钮，操作方便简单。20世纪90年代风靡欧美的第三代保健沐浴设备——光波浴房，以远红外线为主要能量，采用世界流行的低温出汗技术，在沐浴时还可轻松地享受音乐，对人体起着良好的保健作用。

同时，与"毛坯房下岗，精装修交房"的逐步推行相适应，"卫浴文化"也随之风靡起来，整体浴室在整体厨房之后再一次体现了"整体"的魅力。整体浴室简言之就是各种卫生洁具及配件组成的空间，其在卫生间精装修方面显示出普通装修无法比拟的优势。从整体经济成本核算的角度看，它省去了做防水、安装暖气片及立管的费用，而且在缩短工期方面的优势也是目前其他方式无法替代的。但是其价格现在还令我们望而生畏。

3．洁具主流品牌

　TOTO洁具　　　美标

　美林洁具　　　摩恩洁具

　科勒洁具　　　阿波罗洁具

■ **Allgo5 专家提示：**

(1) 选择卫生洁具的注意事项：

①搭配协调：卫生洁具有面盆、坐便器、浴缸或增加妇洗器四大件，要求与卫生间的地砖和墙砖色泽搭配要协调。

②排水方式：在选择坐便器之前要弄清楚卫生间预留排水口是下排水还是横排水。

③是否节水：坐便器是否节水，不能光看水箱的大小，还应看其出水方式。

(2) 挑选坐便器的注意事项：

①量好管口圆心与墙面的距离：量准用于安放坐便器的污水管口圆心至墙面的垂直距离，然后对距"入坐"。30mm 的为中下水，20～25mm 为后下水，距离在 40mm 以上的为前下水。

②选择不同的排水方式：坐便器按下水方式分为冲落式、虹吸冲落式和虹吸旋涡式等，冲落式及虹吸冲落式注水量约 9L 左右，排污能力强，只是冲水时噪声大；旋涡式一次用水 13～15L，具有良好的静音效果。显然，排水效果应是最主要的功能指标。

(3) 小面积浴室选购洁具的注意事项：

①整个浴室的色调要较淡、较冷，这样，感觉上较为清爽，视觉上能产生一种空间扩大的效果。

②洁具的选择也要小型化，色彩以浅色调的白色和骨色为主。

以上是对卫生洁具购买的讲解，洁具中龙头的选择不可忽视。下面对洁具龙头的选择单独介绍。

洁具龙头（水嘴）的选择

■ **Allgo5 专家指导：**

洁具中水龙头的选择是一个关键项。大致可以分成两大类：一类是卫生间用水龙头，另一类是厨房用龙头。仅卫生间龙头就分为面盆龙头、浴缸龙头和净身器龙头等几大类。而每个类别中，又可以根据功能、风格、材质和色彩分成很多小类别。

1. 如何挑选优质水龙头

第一，看表面的光亮度。水龙头的阀体均由黄铜铸成，经磨抛成型后，表面镀镍和铬处理。正规产品的镀层都有具体的工艺要求，并通过中性盐雾试验，在规定的时限内无锈蚀现象。所以在选购时，要注意表面的光泽，手摸无毛刺、无气孔、无氧化斑点。

第二，轻轻转动手柄，看看是否轻便灵活，有无阻塞滞重感。有些很便宜的产品，都采用质次的阀芯，技术系数达不到标准，而它们的价格要相差3~4倍。所以在选购时不要把价格定为惟一的标准。

第三，检查水龙头的各个零部件，尤其是主要零部件装配是否紧密，应无松动感觉。好的龙头的阀体、手柄全部采用牌号黄铜精制，自重较沉，有凝重感。

第四，识别产品标记。一般正规商品均有生产厂家的品牌标识，以便识别和防止假冒。而一些非正规产品或质次的产品却往往仅粘贴一些纸质的标签，甚至无任何标记。选购时一定要注意认准。

2. 流行趋势

（1）混水龙头走俏

由于热水器的普遍使用，使得水龙头的开关有了根本性的改变，现在的主销产品以"混水龙头"为主。所谓"混水龙头"就是将冷热水混在一起、并能调节水温的龙头。内部结构采用高精度陶瓷片或钢质阀芯控制出水流量，出水口配有不锈钢网罩，放出的水不四溅，给人以轻柔的感觉。这种龙头多数为单手柄开启，操作使用非常方便，只需用手轻轻碰启，就可打开，再轻轻旋转，就可调节水温。尤其在厨房中，安装"混水龙头"，给厨房劳作减少了许多麻烦。

（2）功能逐渐完善

为了满足消费者的不同需要，目前水龙头也有很多种功能：例如卫生间用的花洒龙头，就具备按摩、可以使水流带气泡，或改变出水方式等许多功能，而设计独特的龙头芯设计，不仅耐磨损、不滴漏，而且有自动平衡冷热水流量、恒定水温的功能。

3. 龙头主流品牌

TOTO   TOTO洁具   *American Standard*   美标洁具

 科勒龙头  美国摩恩龙头

 惠达洁具 美陶洁具 美陶洁具

■ **Allgo5 专家提示：**

第一，通常，单手柄混水面盆龙头在出厂时，都附有安装尺寸图和使用说明书。在安装使用前，应打开商品包装检查合格证等，以免使用三无产品。倘若是进口商品更应格外细心。另外应检查配件是否齐全，一般配件应装有：①全套固定螺栓及固定铜片和垫片；②全套面盆提拉去水器；③两根进水管。

第二，如果您的龙头使用在新建房屋，因供水管网是新铺的，水中肯定会有砂粒等杂质。安装前应长时间放水直到水质变清方可安装。在使用一段时间后，如发现出水量减少，可轻轻拧下出水口处的筛网罩，清除杂质，一般都能恢复如初。

第三，家庭装修中，没有人希望和别人一样，都希望装修能体现自己的个性特点。因此，装修和布置的风格就很重要。龙头选择要注意风格协调，水龙头的种类和风格也很多。例如：以金银色为主、装饰繁复的古典式龙头，可以搭配古典风格的装修；以亚光色为主、造型前卫的现代式，用在现代风格的空间里；还有以乳白色为主，线条流畅的水龙头，几乎可以适用于任何浅色的房间。

第四，在您购买龙头时，要注意辨别名牌产品的真伪，同时对于一些产品细节必须多加留意。铜本身具有消毒杀菌作用，优质龙头一般都由全铜铸造，现在一些杂牌产品为节省成本采用锌合金或塑料替代，选择时要留神。从质量看，国产品牌和进口的区别不算大，国产品牌的开启次数都符合国家标准，在5万次以上，使用寿命都在12年左右，与进口品牌相当。

瓷砖的选择

瓷砖购买里面"猫腻"颇多、令人防不胜防，许多人早有耳闻。至于这里面"水分"到底有多大？骗人的招数诡秘何在？却鲜为人知。下面为大家讲解。

1. 判断瓷砖的质量

（1）尺寸误差，几何尺寸是否标准是判断瓷砖优劣的关键，用卷尺量一量砖面的对角线和四边尺寸以及厚度是否均匀；

（2）色差，随机开箱抽查几块，放在一起逐一比较，一般有细微差别是正常的，如果十分明显就有问题了，不过不同生产批号的瓷砖也有色差，购买时最好一次将数量买足，否则以后配色很难一致；

（3）裂纹，釉下层裂纹，表面龟裂；

（4）不平，釉层虽然光亮，但釉层内或釉层中有夹杂物；

（5）斑点，釉面颜色中孤立变异色点；

（6）外伤，碰碎或深度裂纹，边角不齐；

（7）防水，可将水滴在瓷砖的背面，吸水慢一些的好。

2. 选择绿色环保瓷砖

建筑陶瓷的原料主要是黏土、砂石、工业废渣等，或多或少含有放射性元素，虽然在制造时经高温烧成，但并不能消除这些物质的放射性。而且，建筑陶瓷一般用于客厅、厨房、卫生间等，易形成"四面辐射"，人往往处于辐射中心，所以受到的伤害更甚。

3. 流行趋势

玻化抛光砖由于其特殊工艺，克服了釉面砖怕磨损、普通抛光砖易污染的特点，成为时下新宠。

4. 选材误区与陷阱

陶瓷洁具经销商"宰客"的招数主要有这么几种：

（1）偷梁换柱：对于外行人来说，颜色、外观和花纹乍看起来一模一样的陶瓷制品，其实在质量上差别很大，非专业人士一般很难鉴别。同样是瓷砖，质量好的瓷砖，用杯子从反面倒少许水，正面没有水珠渗出，而质次的瓷砖时间稍长就会有大量的水珠渗出。在顾客前来选购时，黑心老板往往会向消费者极力推荐好瓷砖，但顾客交完钱后，送上门的货却是"调包"后的质次货。当然质好的瓷砖与质差的瓷砖在价格上相差甚远。

（2）漫天要价：由于目前市场上装修材料的品种繁多，进货渠道复杂，这使得物价部门对装饰市场尚无统一的价格规范，因此"漫天要价"也成为牟取暴利的常用招数。一些老板往往乘机将价格抬得高高的，任你顾客"砍"，这在水龙头、水槽、坐便器等家庭常用洁具上尤其突出。如成本不足100元的不锈钢水槽，经销商能标价到1000元以上；从厂家进货时只有30多元的水龙头，一转手后就标上了百元开外的高价。顾客即使是"拦腰"砍价，商家利润仍然不小。

（3）里应外合："黑心"老板与装修工"里应外合"联手"宰"顾客，也是常用的手法之一。普通人一辈子难得有几次装修房屋的机会，因此对于装修材料的好坏大多是外行，都要由装修工陪同购买。"拖垮累垮"业主是一些有"经验"的装修工常用的手段，他们通常会十分"认真负责"地陪同业主一家挨一家地逛材料市场，但不是说这家质量不好，就是那家价格有诈。几家转下来，在业主精疲力竭时，装修工就会不失时机地推荐几家"信誉较好"的商家，在那里材料质量自然没问题，价格也被装修工砍得"血淋淋"，但往往送上门的货已被调包。装修工人是经销装修材料的老板们的"上帝"，这在业界已是公开秘密。逢年过节，老板请装修工吃饭甚至送"红包"的事也常有。老板与装修工通常按月结算回扣，回扣的多少视总价而定，一般商家给装修工的回扣在5%～15%之间。

5．主流品牌

瓷砖的品牌众多：冠军、鹰牌、亚细亚、罗马、蒙娜丽莎、大红鹰、升华、喜来登等都是当今主流的品牌。

■ Allgo5 专家提示：

购买陶瓷地砖时，最好不要大面积使用一个品种；选购时，请店方出示放射性检测合格证，发票上也要请商家注明产品适用范围（是适合家装还是适合野外），以便日后索赔；如装修后有不适感觉，可进行检测。

6．省钱方案

由于购买瓷砖的"猫腻"比较多，购买瓷砖时参加团购可以买到优质廉价的产品。

石材的选择

家庭装修中，石材主要应用于地面、台面的装饰。选用石材为主要装饰材料，能使整个居室富丽堂皇。以下将告诉你怎样选择优质的石材，应用到你的居室之中。

1．判别石材的优劣

对于加工好的成品饰面石材，其质量好坏可以从以下四个方面来鉴别：

一观，即肉眼观察石材的表面结构。一般来说，均匀的细料结构的石材具有细腻的质感，为石材之佳品；粗粒及不等粒结构的石材的外观效果较差。另外，石材由于地质作用的影响常在其中产生一些细微裂缝，石材最易沿这些部位发生破裂，应注意剔除。至于缺棱角更是影响美观，选择时尤应注意。

二量，即量石材的尺寸规格，以免影响拼接，或造成拼接后的图案、花纹、线条变形，影响装饰效果。

三听，即听石材的敲击声音。一般而言，质量好的石材的敲击声清脆悦耳；相反，若石材内部存在轻微裂隙或因风化导致颗粒间接触疏松，则敲击声粗哑。

四试，即用简单的试验方法来检验石材的质量好坏。通常在石材的背面滴上一小滴墨水，如墨水很快四处分散浸出，即表明石材内部颗粒疏松或存在缝隙，石材质量不好；反之，若墨水滴在原地不动，则说明石材质地好。

2．选绿色环保石材（注意石材放射性！）

家装中采用色泽鲜艳的天然石材可以提高居室的档次，但是，随之而来的便是污染问题。一般愈是鲜艳的天然石材，其放射性愈强。因此，在考虑到健康的前提下，不宜大面积采用天然石材。人造石材相对放射性小，当然，也有假冒伪劣产品的质量及环保性差，甲醛含量高，消费者在购买时应多加注意。在安装结束后，最好请相关机构进行室内放射性指数检测，以确保对身体健康无害。

3．石材的流行趋势

家装石材分为天然石材与人造石材，一般来说人造石材不存在色差，施工比较方便，重量轻，防油污性强，但是在色彩、质地方面不及天然石材；天然石材的色泽鲜艳，质地坚硬，但是天然石材由于是天然形成存在色差，并有一定放射性元素。最近，市场新出现了一种绿色环保微晶石弥补了两者的不足，将逐渐流行。

4．石材的选材误区天然石材比人造石材好

虽然天然石材要比人造的贵，但人造的不一定就比天然的差；因为人造石材所用的原料来自天然石材的下脚料，所以人造石材比天然石材有重量轻，强度高，耐腐蚀，厚度薄，易加工等特点，且价格便宜。在选择石材的时候要根据自己的经济情况来选择，不要一味追求奢华，所以，人造石材也是一个不错的选择。

■ Allgo5 专家特别提示：

在成品板材的挑选上，由于石材原料是天然的，质地不可能完全相同，在开采、加工中工艺的水平也有差别。多数石材是有等级之分的，许多经销商也是按质论价的。但也有少数厂家不加区分，以次充好，蒙骗消费者。为了不出差错，普通消费者在装修石材时最好是包工不包料，亲自到建材城去选购。

购买石材时应注意：

(1) 花岗岩：花岗岩石材是没有彩色条纹的，多数只有彩色斑点，还有的是纯色。其中矿物颗粒越细越好，说明结构紧密结实。

(2) 大理石板材：大理石材矿物成分简单，易加工，多数质地细腻，镜面效果较好。其缺点是质地较花岗石软，被硬重物体撞击时易受损伤，浅色石材易被污染。铺地大理石尽量选单色，选择作为台面时，有条纹的装饰效果较好。其他挑选方法可参考花岗石的挑选方法。

5．部分石材品种价格

以下价格均为近期市场参考价格。

大理石：

进口大花绿（深青、中青）	￥625.00/m²
进口咖啡网纹	￥380.00/m²
进口西班牙米黄（A级）	￥360.00/m²
进口金花米黄	￥270.00～360.00/m²
进口旧米黄	￥280.00～360.00/m²
进口金线米黄（A级）	￥120.00/m²
进口虎皮黄	￥500.00/m²
橙皮红	￥320.00～350.00/m²
山东石岛红 600×600×20	￥240.00/m²
山东石岛红 600×600	￥260.00/m²

花岗岩：

太行红	￥160.00～195.00/m²
芝麻红	￥150.00～180.00/m²
将军红	￥320.00/m²
中国绿	￥340.00/m²
三峡红、三峡绿	￥350.00/m²
丰镇黑	￥125.00/m²
红玉、黑白花	￥160.00/m²
三合红	￥420.00/m²

人造石材：

大花红 B118 厚为15mm 规格板	￥225.00/m²
万山红 B117 厚为15mm 规格板	￥220.00/m²

黑金花	B116 厚为 15mm 规格板	￥195.00/m²
贵临红	B115 厚为 15mm 规格板	￥180.00/m²
京西黄	B114 厚为 15mm 规格板	￥190.00/m²
松香黄	B114 厚为 15mm 规格板	￥195.00/m²

橱柜的选择

橱柜这个行业花样甚多，究竟"猫腻"在哪？

1．判断家庭橱柜质量

目前，家庭橱柜制造还没有统一标准，但可以从以下几点去检测橱柜的质量及工艺水平。

（1）贴面是否是真正的进口防火板（谨防国产冒充进口）。

（2）基材是否选用细木工板。

（3）封边厚度要 2mm 以上，这点很重要，因封边质量欠佳易造成水分渗透，导致门板变形而缩短寿命。

（4）是否有后成型圆边门。这点工艺难度相当高，反映出制造橱柜的工艺水平。

（5）鉴定橱柜质量优劣可以从抽屉的结构略知一二。当拉开抽屉至 2cm 左右它能自动关上，该类抽屉的结构应属装有金属滚轴路轨组合，能承托的重量更多，通常可承托 24kg 以上的重量。接合位方面，好橱柜会使用楔形接榫加上螺钉来固定木板的接合位置。

（6）应注意抽屉底板厚度，其用料必须比抽屉其他部分厚实，因为这种结构才能让抽屉承受较大重量时不至于底部变形。

2．橱柜选择的误区

当整体厨房成为家庭装修中备受关注的焦点时，各式新材料、新功能、新样式让人们已开始感到眼花缭乱，尤其是那些国外产品，时尚的设计、前卫的概念，更让有条件的人士把家中这块"方寸"之地与国际接上了轨。不过在选择各种美丽、漂亮的橱柜时，一些更加重要的问题往往容易忽视，造成日后使用上的不方便。

（1）厨房开放式

现在的户型设计，多将厨房面积加大，或是与餐厅连为一体，许多人也仿效国外的厨房设计，把厨房设计成餐厨一体化，甚至是餐厨客一体化。这种设计固然有其积极的一面，主妇在操劳时，在她的视线中始终有家人的陪伴，很人性化。但考虑到国人的饮食习惯,专家建议这种设计还是慎用,尤其是喜欢在家享用美食的人士。如果真是喜欢这种风格设计,不妨改良一下,可以把烹饪灶台"关闭"起来,四周用玻璃材质,既不挡视线,也可以阻隔油烟。

（2）进口抽油烟机

据经营过进口抽油烟机的整体厨房经销商讲,当初进口品牌的整体厨房出现在市场时,其抽油烟机的造型及与整体厨房的和谐设计,让人们眼前一亮,虽然每台的价格都在 3000 元以上,但仍有市场。不过,从反馈回来的市场信息看,它不太适合国情,煎、炒、烹、炸是中国菜的主要烹饪形式,尤其当你是一个爱做饭的美食家时,更要慎选这种抽油烟机。因为这种抽油烟机的抽力普遍不及国产的大,即使有的最大档抽力可与国产抽油烟机相当,但由于其排烟道窄小,一般只在 9cm 左右,噪声相对来讲也比国产的要大,国产的排烟道至少在 15cm 以上。不过,如果你的小家庭几乎不做饭,只讲漂亮时尚,不在乎也罢。

（3）五金件

橱柜上的五金件可说是整体厨房最重要的组成部分,它直接影响着橱柜的整体质量。基于国外经验,五金件的好坏已成为区别橱柜好坏的重要标志。消费者在选择橱柜时,如果在最需要重视的细节方面（五金件）舍不得花钱,甚至认为不必考虑,这是大大的误区。关键的五金件,像铰链（合页）、抽屉导轨、折门的滑轨、滑轮等,国内的产品很难达到橱柜所必需的质量要求。因此消费者在定制橱柜时一定要舍得把钱花在点上。目前,德国生产的五金件是世界公认的顶级产品,像芬尼尔、海地诗、海富乐、格拉斯,都是知名品牌。意大利的萨利切、法拉利等品牌也不错。这些五金件目前国内都有进口,消费者在选择橱柜时,不妨首先看一看它所使用的五金件的品牌,以保证日后的使用。

■ Allgo5 专家提示：

橱柜的选择有四个要点十分重要。

一看五金件。橱柜五金件的质量关系到橱柜的使用寿命和价格。

二看材质。材料是影响橱柜质量的主要因素,不同材料最终造成的质量结果也不同,价格也不一样。龙发公司橱柜均选用优质环保板材,进口贴面,采用密胺板门板或双面亚光、亮光金属烤漆门板,有多种颜色供客户挑选,木纹贴面环保板柜体,不锈钢背板。

三看做工。不但要查看台面板、柜门、柜体和密封条等是否经机器模压处理,这样的产品长期使用不会开胶、起泡及变形。密封条封闭不严可造成油烟、灰尘、昆虫进入。同时也要问清楚橱柜生产是人工还是生产流水线。一般来讲,手工制作或半机械化制作的产品质量不稳定,容易出现一些质量问题。

四看服务。对任何一件产品来讲，特别是大的产品，售后服务很重要。消费者在订购橱柜时一定要问清楚产品保修等问题。

3．橱柜的流行风格

在新一轮的橱柜流行风格体现上，我们依然可以看到永不衰退的古典风格的橱柜作品，原色纯真实木的尊贵气质，细节上玻璃雕花的设计元素，加之现代亚光和仿旧处理，对细节的精美雕刻，让古朴与怀旧的气质展露无遗。古典设计风格与现代功能的完美结合是新一季古典设计风格橱柜的专注表达。

现在，Allgo5专家为您展示一款极具代表性的古典橱柜。

这款橱柜采用白色与天蓝色的结合，无论与何种基色的厨房搭配，都会给人以和谐统一的感觉。纯实木打造的橱柜、本木色的组合流露出悠悠的古韵，使人感受到大自然的气息。白色使看似狭小的空间以一种透视的效果达成纵深感。天蓝色给人以心旷神怡的感觉。

大开门的设计使古典风格中又融入了现代元素，古色古香却不与时尚脱节。整体的空间利用，紧密而不显局促，让人的烹饪心情与手法自由发挥，充分享受烹饪的乐趣；精心雕琢、构思新颖的奶白色把手，配以古朴绣花装饰，每一幅都可以成为精美的艺术品。

吊柜的设计采用两种完全不同的形式，古朴的镂空设计加上隔栏吊柜与花纹玻璃吊柜左右呼应，不对称组合传达出别样的情趣美感；原木雕琢的精美花纹隔架、金属材质的吊杆装饰吊柜与操作台，方便烹饪工具放置。人性化现代设计元素结合古典风格，使整个设计充满现代人性化的关怀。

操作台的功能组合遵循了烹饪的实用性，将古典气质与现代功能巧妙融合，浑然一体；把抽油烟机通过外加装饰隐藏，设计独特，实用性与装饰性完美结合；重金属色的烤箱与橱柜的搭配使橱柜的贵族气质流光溢彩，又不失现代气息，是古典风格设计与现代时尚不相脱节的完美结合。

4．橱柜的主流品牌

科宝·博洛尼、海尔、欧琳、隆森、伊莱克斯、万家乐、康洁等。

5．主流品牌价格

现市场上橱柜价格的差距较大，低档的在千元以内每延米，中档的在1500元～4000元/延米，高档的在5000元/延米以上。

6．省钱方案

参加团购。

其 他

对于大芯板、灯具这两种材料的选择也极为重要,切不可忽视!

1. 大芯板

(1) 如何选购绿色环保、高质量的大芯板

①选购甲醛污染小的大芯板

A. 看大芯板是否为正规生产厂家生产的产品。可看生产厂家的商标、生产地址、防伪标志等;

B. 看产品检测报告中的甲醛释放量。一般正规厂家生产的产品都有检测报告,甲醛的检测数值应该越低越好;

C. 看大芯板的外观质量。大芯板表面是否平整,有无翘曲、变形,有无起泡、凹陷;芯条排列是否均匀整齐,缝隙越小越好,芯条有无腐朽、断裂、虫孔、节疤等。

D. 看是否有气味。如果大芯板散发出清香的木材气味,说明甲醛释放较少;如果气味刺鼻,说明甲醛释放量较多。

②看、听是鉴别大芯板质量的好方法

A. 看

看内填材料质地是否密实,有无明显缝隙及腐朽变质的木条,腐朽的木条内可能存在虫卵,日后易发生虫蛀;

看周边有无补胶、补腻子的现象,这种现象一般是为了弥补内部的裂痕或空洞;

B. 听

用尖嘴器具敲击板材表面,听一下声音是否有很大差异,如果声音有变化,说明板材内部存在空洞。

这些现象会使板材整体承重力减弱,长期的受力不均会使板材结构发生扭曲、变形,影响外观及使用效果。在购买时,检查一下质量检验合格证,必要时还可抽取一块板材,锯开检验其内部材质。

(2) 省钱绝招

参加团购。

(3) 主流品牌

中消协公布的对北京市场上销售的 33 种牌号的大芯板的测试和比较,结果在这 33 种品牌中只有福仁牌大芯板的甲醛释放量符合国家标准,可以直接用于室内。

大芯板根据材质的优劣及面材的质地可分为3个等级：单A级、双A级和三A级。等级愈高，质地愈好，价格也相应提高。好的板材价格在70～140元之间，差一些的可在40～60元之间。

（4）选材误区

①目前市场上存在着的一些绿色欺诈行为：许多建材经销商都把达到国家质监总局颁布的《室内装饰装修材料有害物限量》10个强制性标准的产品说成是绿色产品，实际上10个强制性标准只是市场准入标准，根本不是绿色标准。

②许多消费者选择大芯板，一看重量，二看价格。其实越重的大芯板，其质量越不好。因为重量越大，越表明这种板材使用了杂木。这种用杂木拼成的大芯板，根本钉不进钉子，无法使用。价格上选择100元左右一张的大芯板质量比较稳定。

2．灯具

（1）灯具的品种

在灯具生活极为丰富的今天，适合家庭使用的有吊灯、壁灯、吸顶灯、台灯、落地灯、浴室灯、镜箱灯、射灯、轨道灯、筒灯、壁画灯、窗帘灯、柜灯、地脚灯等。

（2）流行趋势

时尚新潮和讲究实用是如今灯饰的两个流行特点。

一些含高新技术又有艺术品位的"特种灯具"异军突起，产销两旺。如无烟、无味、无污染的电子灭蚊灯、充电式风扇收音机灯等都已进入百姓家；声控电子魔灯以真空离子为光源，其绚丽的电光银弧能随着音乐起伏而翩翩起舞，手指触摸灯罩，又会发出丝丝银线和星光，恰如一台温馨典雅的艺术长明灯；由钟和收音机创意组合的灯具，在深夜时无需开灯便能看清时间；还有定时闹铃、"钟控"收听电台节目等功能，迎合了现代人快节奏生活的需要。新登场的高科技无频闪书写灯，光线平稳，久视不易疲劳眩晕，有利于保护眼睛，并可节电50%。一种折叠便捷式台灯，集时钟、日历、相框架、收音机等为一体，也颇受欢迎。

部分灯具价格见表1。

灯 具 价 格 表　　　　　　　　　　表1

产品名称	品　牌	规　　格	价　　格
桶灯	达美	50cm，75cm，100cm	8元/个
格栅灯	华亮	2×40W，3×20W	65元/个
节能灯	科思	5～30W	5元/个
管灯	TCL	20W，30W，40W	60元/个

（3）选择误区

①宜简不宜繁。过于复杂的造型对于面积不大的居室会有喧宾夺主、压抑的感觉，加上北方空气干燥，灰尘大，太复杂的灯具清洁起来会很麻烦。现代人崇尚简约，灯具也是一样，简单不等于简陋，简洁的造型往往更具时代气息，配上质感强烈的金属色，真正是画龙点睛。

②在灯饰选择上要注意风格的一致。有些人在购买时往往只看重灯饰本身的造型，而忽略了灯饰与房间整体装修风格的统一。比如摆放红木家具的房间就适合挂一个古色古香的灯笼，挺洋气的餐厅可装上一个欧式的吊灯。灯具的表面色彩，要注重与室内窗帘、家具和谐，使整个室内布置形成一个完美的艺术整体。假如把红色的灯具配在绿色的墙面上，那就会显得太刺眼；在一个以白色为主的充满现代气息的居室中挂一盏古典宫灯就会显得不伦不类。

至此，主要的家装选材已经讲述完毕，希望对大家家装选材有所帮助，能装饰出舒适、高雅、豪华、个性的家居。若您还有不懂之处，http://www.allgo5.com 随时欢迎您来咨询。

施工步骤与方法

如果你对装修要求很高,自己又有充分的时间,那么仔细阅读本章,就可以对家装进行自我监理,或许你也会因此成为一位专业的施工监理工程师;如果你没有充足的时间,又不想花太多力气,可以跳过本章节,阅读下一章——委托监理。

线路敷设施工方法

施工步骤:选择材料→确定位置→凿墙(地)槽→布线→管内穿线。

1. 选择材料

(1)根据设计的规格、型号列出工程各类材料用料的数量;

(2)了解对所选的材料是否有相关主管部门颁发的生产许可证、检测报告、产品质量保证书等;

(3)对同类、同规格材料的性价比及知名度售后服务比较。

2. 确定位置

根据家庭装饰设计所用电器的位置,按家庭用电系统回路分配的方式划出线路走向途径,确定配电箱、开关、插座、电话插孔、有线电视插孔、音响出线盒、灯具等的准确位置。

3. 凿墙(地)槽

墙(地)槽的深度应保证暗敷的管道在墙面、地面内,装修后不应外露。注意:为保证建筑结构完好,应尽量避免水平墙槽的开凿。地面的沟槽也不能破坏结构层。

4. 布线

(1)在施工中管与管、管与器件连接的接口应用专用胶粘合。

(2)要注意管子的弯曲半径,PVC穿线管的弯曲半径一般在管子直径的5~10倍为宜,如PVC20的穿线管,它的弯曲半径一般在10~20cm。不能使用成品的弯头，建议用弹簧弯管器弯 PVC 管。

5．管内穿线

（1）穿线应在安装开关、插座、灯具前，穿线管敷设完后进行，应采用额定电压不低于 500V 的绝缘导线。严禁穿线时损伤绝缘层。

（2）为保证内壁光滑畅通、清洁、干燥，施工中要将管口临时封堵。

（3）导线间的连接点不应留在管中，必须在开关箱、开关盒、插座盒或接线盒中进行，一般采用焊接或压接，不宜采用绞接。导线接头及绝缘受损处，应采用耐压 500V 绝缘胶带包扎严密，并有足够的层厚。

（4）穿线工程完后应用绝缘电阻测试仪（摇表）测量线路绝缘值，若绝缘值大于 0.25MΩ 即合格。

给水管道的施工方法

施工步骤：选材→定位→凿墙（地）槽→布管。

1．选材

现代家庭供水用的给水管有镀锌管、紫铜管、铝塑复合管、PPR 聚丙烯管等，所选管材必须满足生活饮水使用管材的规定，符合饮用水的卫生标准。

2．定位

根据家庭装饰设计的厨房、卫生间等位置，确定各用水点阀门、水龙头、淋浴器、角阀等位置及管道走向途径。

3．凿墙（地）槽

墙（地）槽深度应保证暗设的管子在墙内、地面内，装修后不应外露。注意：为保证建筑结构的完好，应尽量避免水平墙槽的开凿。地面的沟槽也不能破坏结构层，对凿过的楼板洞要认真清理修补，修补厨房卫生间的楼板洞时，一定要用加抗渗剂的水泥砂浆，以防地面渗水。

4．布管

（1）布管时应注意：要采用与管材相适应的管件；及专用工具施工；必须按管材与管件连接的规定操作施工。采用镀锌管螺纹连接时，被破坏的镀锌层表面及管螺纹露出部分应用防锈漆全部涂刷。

（2）如果给水管是暗埋，则要注意：①在管道隐蔽前必须检查所有的连接点是否良好，有无松动；②做管道压力实验，实验压力不应小于0.6MPa。

排水管道的施工方法

施工步骤：选材→定位→凿墙开洞→布管。

1．选材

目前家庭装饰的排水管一般多选择PVC、UPVC塑料排水管，铸铁排水管多用于高层建筑。在家庭装饰改造中选用与原管材材质相同的管材，有利于管道连接和保证施工质量。

2．定位

应根据卫生器具安装的位置，确定各排水点的位置及管道走向途径。

3．凿墙开洞

凿墙（地）槽的深度应保证暗敷的排水管在墙或地面内，装修后不应外露。

4．布管

（1）排水管道的横管与立管的连接应采用45°三通或45°四通和90°斜三通或90°斜四通。立管与排出管端部的连接，宜采用两个45°弯头或弯曲半径不少于4倍的90°弯头。排水管道的安装必须有一定的坡度。

（2）在家庭装修过程中应注意：①不能将原有的排水管检查口或清扫口封死；②在检查口处应安检修门，对排水支管在吊顶内设置的转角小于135°的污水横管上；③在弯头处适当加装检查口或清扫口。

（3）承插排水塑料管的接口，应用粘结剂粘牢。粘结剂的理化性能，必须符合产品说明和设计要求。

塑料排水横管固定件的间距不得大于下表的规定，塑料管与钢支架间应垫软垫片。

管径（mm）	50	75	100
间距（m）	0.6	0.8	1.0

（4）通向室外的排水管，穿过墙壁或基础时，应用45°三通和45°弯头连接，并应在垂直管段顶部设清扫口。

（5）暗装或埋地的排水管道，在隐蔽前必须做灌水试验，其灌水高度不应低于底层地面高度。试水方法：将排水端临时堵塞，对排水管内注水，满15min

后,再补满水延续5min,液面低为合格。

墙面工艺的施工方法

施工步骤:基层处理→抹底灰→排砖→浸砖→镶贴→擦缝。

1. 基层处理

(1) 要清扫毛墙面,剔除墙内凸出物;

(2) 对光滑的混凝土墙面要进行毛化处理,即先除去墙面油污,然后用掺入水重20%的胶1:1水泥砂浆甩喷至墙面,形成疙瘩,使墙面粗糙;

(3) 对已抹有底灰的基层,应检查底灰的质量,是否有松动、空鼓和平整度太差的,将其凿除,重新粉刷。

2. 抹底灰

(1) 抹灰前基层应洒水湿润;

(2) 底灰一般采用1:3水泥砂浆,可掺入适量胶以增加粘结力;

(3) 底灰应抹两遍成活,总厚度不宜超过20mm;并与灰筋平,面层应用木抹搓毛。隔天洒水养护。

3. 排砖

(1) 用碎釉面砖贴出标准点,以控制面层出墙的厚度及垂直平整度并注意墙砖缝尽量与地砖缝协调一致;

(2) 注意门、窗、柱边砖的排法,非整砖应排在边角等次要部位,尽量少裁砖;开关、插座或其他突出物处,应用整砖套割吻合,不得随意用碎砖拼凑。

4. 浸砖

挑选好的面砖并先放入净水中浸泡2h以上,取出晾干或擦净后方可使用。

5. 镶贴

(1) 内墙釉面砖镶贴应自下而上分层进行。

(2) 依据弹好的水平分线格,紧靠最下一皮砖的位置线安放靠尺,以托住第一皮面砖。

(3) 镶贴时,在面砖上口拉通线,控制上口平直用。

(4) 采用1:2水泥砂浆,掺入水重20%的胶满抹,厚度应控制在8mm左右。面砖贴上后用灰铲木柄轻轻敲打,至浆液自缝隙中溢出表面为止。

（5）镶贴一皮后，检查砖面平整及缝隙平直，及时修整误差。
（6）面砖镶贴采用密贴法，不留间隙，竖缝不直的可用钢片开刀拨缝调整。

6．擦缝

用稠度稍大些白水泥浆，在缝隙处反复擦刮，直至缝隙处添满水泥浆为止；擦后应立即用湿布或棉纱将面砖上多余的水泥浆擦净。

乳胶漆墙面的工艺步骤及施工方法

施工步骤：基层处理→刮腻子打磨→涂刷。

1．基层处理

（1）清扫基层，抹灰基层要先检查质量，平整度不好，起壳松动的要返工重抹，有麻面孔洞的要用乳胶和石膏粉（或大白粉）拌制成的腻子进行修补；
（2）石膏板墙面要先刷一道胶以改善墙面的吸水性能；
（3）基层的铁件露头应先做防锈处理。

2．刮腻子打磨

（1）腻子用滑石粉、乳液、羧甲基纤维素按 100∶10∶4～6（质量比）配置。可加适量白水泥；
（2）墙面腻子应满刮，两遍成活并将基层刮平磨光，刮第二遍腻子时应先将第一遍腻子刮平磨光，涂刷前应将第二遍腻子磨光。

3．涂刷

（1）涂刷前先开桶检查乳胶漆的质量，参照说明书决定是否掺水和水的掺量；
（2）家庭涂刷一般不少于两遍，可先用滚筒滚刷，第二遍涂刷前要先对墙面进行找补腻子并磨光。对于基层颜色深，面漆颜色浅的，应增加涂刷遍数。

注意：涂刷时，要注意保护地面、门窗、开关、插座、灯具等成品。如有污染，应用湿毛巾及时擦拭干净。

吊顶的施工工艺方法

施工步骤：确定高度→定位→检查管线安装→安装吊点固定件→安装边龙骨固定件→安装龙骨→调整龙骨标高→安装面板。

1．弹线定标高

（1）根据设计或使用要求，以地平线为基准，确定吊顶标高并在四周墙壁上弹出标高水平线；

（2）一般来说，弹出的标高线即为主龙骨或边龙骨的底标高；

（3）标高线的水平度应用充水软塑管以水柱法准确测定。

2．定位

（1）沿墙面上已弹好的标高水平线划出龙骨的分档线；

（2）吊杆点位在楼板底面划出，一般按间距 0.8～1.2m 均匀布置，轻钢龙骨的吊点应沿主龙骨长度方向布置；

（3）迭级吊顶应在迭级交界处布置吊点；

（4）顶棚上较重的设备应布置专门的吊点，端吊点距墙面的距离不应大于 300mm；

（5）在楼板底面按设计划出造型的外轮廓线。

3．检查管线安装

（1）检查顶棚内管线是否安装完毕并经打压实验和隐检验收；

（2）检查管线底标高是否与吊顶标高冲突，如有矛盾应予以调整；

（3）检查龙骨及吊杆位置与管线是否冲突，如有矛盾应予以调整。

4．安装吊点固定件

（1）吊点固定件的构造方式一般有膨胀螺栓固定木方、膨胀螺栓固定角钢、射钉固定角钢等几种；

（2）多孔楼板上安装吊点固定件时，不宜采用膨胀螺栓固定的方式；

（3）采用射钉固定时，射钉的直径应不小于 5mm，数量不少于 2 个；

（4）吊点固定件所用的木方或铁件均应做防腐处理。

5．安装边龙骨固定件

用在边墙上沿吊顶标高水平线钻孔安装木楔的方法固定龙骨固定件。木楔的使用方法：应高出标高水平线 10～15mm；直径应大于 12mm，间距为 0.5m 左右。

6．安装龙骨

（1）安装木龙骨架（又称木格栅）一般先在地面按设计拼装成形，然后整体吊装。较大面积的骨架可以分片成形，分片吊装。

（2）木格栅主龙骨的断面尺寸不宜小于40mm×60mm，次龙骨的断面尺寸不宜小于30mm×40mm，木格栅的分格尺寸不宜大于400mm。

（3）木格栅应刷三遍防火涂料做防火处理。

（4）做木方连接木格栅与吊点固定件时注意：吊杆木方应开半燕尾榫与主龙骨相接。角钢连接时，所用角钢不宜小于L30×3。格栅安装方法：安装时先将拼装好的木格栅托送至标高位置，并用定位撑或用铁丝与固定件拴结做临时固定，要使其底部与墙上弹出的标高水平线平齐可调整骨架的高度，外边与楼板上划出的轮廓线对应；固定步骤：先固定沿墙边龙骨再用吊杆将骨架与吊点固定件接牢。要求：木方吊杆的断面尺寸不应小于50mm×70mm，长度应比悬吊长度稍长。

（5）迭级吊顶格栅的安装应从上而下进行。

（6）轻钢龙骨铝合金龙骨的安装依照安装吊顶→安装主龙骨→安装次龙骨的顺序进行。

7．调整龙骨标高

（1）安装过程中和安装完成后认真做好标高的调整工作。

（2）调整依据标高水平线龙骨的标高，拉通线进行，并随之进行平整度的调整。

（3）面积较大的吊顶，其主龙骨应从边缘向中心起拱，起拱高度一般为房间短向宽度的1/200。

8．安装面板

（1）胶合板的安装：装钉前应双面满刷清漆，以防止吸湿变形；背面应涂刷三遍防火涂料，以作防火处理；装钉应在自由状态下进行，并由中间向四周逐步展开；装钉钉距要求不大于150mm，钉位距板边为10～15mm。钉帽应砸扁，钉入板内0.5～1mm。钉眼应用油性腻子填补；周边应倒45°，拼接时留有2mm左右的缝隙，以利于嵌补腻子和吸收膨胀变形。

（2）纸面石膏板安装方法：纸面石膏板用平头自攻螺钉与次龙骨连接安装；长边应与次龙骨长度方向平行；在自由状态下进行；安装时从中间向四周逐步进行；其钉距以150～170mm为宜，钉位距板边10～15mm，螺钉头应沉入板面0.5～1mm，钉头应刷防锈漆，钉眼应用腻子填平。

（3）铝合金面板安装方法：铝合金面板一般采用龙骨兼卡具直接固定法。安装时要先进行排板，整块板应置于中间，半块板应在四周对称放置。

（4）PVC扣板安装方法：

PVC扣板一般直接装钉在龙骨上,扣板间拼缝要严密,阴口上每一根龙骨处都应用钉子固定,扣板纵向不应留有接头。

裱糊墙面工艺的步骤及施工方法

施工步骤:基层处理→吊直、套方找规矩→计算用料裁纸→刷胶糊纸→修整。

1. 基层处理

(1) 清除混凝土墙面凸起物、灰尘和油污,然后满刮两道石膏腻子,腻子干后用砂纸磨平、磨光。

(2) 砖墙面应先抹1:3的水泥砂浆底灰,基层抹灰时应先检查基层的质量,是否合格。基层面上,应满刮2遍大白腻子,干后用砂纸磨平、磨光。

(3) 石膏板墙面应先用嵌缝腻子填平缝隙,再粘贴尼龙布条或丝绸布条,然后刮大白腻子磨平、磨光。

2. 吊直、套方找规矩

先检查房间四角的垂直度和墙面的方正情况;然后习惯从进门左阴角开始按墙纸的尺寸弹出控制线;墙顶交接的处理原则是,有挂镜线的上口按挂镜线,无挂镜线的上口按设计弹线,或满贴至顶棚底,再用阴角线压边收口。

3. 计算用料裁纸

墙纸裁切长度应比计算高度略高出2~3cm;在工作台上进行;裁好后应用湿毛巾擦拭,折好待用,同时应检查墙纸的质量,不合格的应剔除不用。

4. 刷胶糊

(1) 分别在纸背和墙面上涂刷与墙纸配套的专用胶水,方法:第一张纸应从阴角开始,纸边应与弹好的垂线平齐;贴后先从上而下用手抹平,再用刮板刮实,上下口用小辊子压实;阴角处墙纸应拐过1~2cm;接缝最好采用搭接法。即相邻两张搭接1~2cm,刮平压实后,将钢直尺压在搭接处,用刀将接缝切开,撕去边纸,再将接缝处压实,最后一定要用湿毛巾将挤出的胶液擦干净。

(2) 顶棚、踢脚交接处同样用比尺将余纸切割整齐,并带胶压实;墙面上的埋线盒处应在其位置上破纸作为标记。

(3) 阳角不允许甩搓接缝。阴角不允许整张铺贴,必须搭接留缝,否则易产生空鼓或折皱。

（4）接缝处花纹要拼好，如有困难，错花应尽量放在不显眼的部位，大面不应有错花现象。

5．修整

糊纸后应认真检查，对翘边、气泡、折皱及胶痕未擦净的应及时予以修整。

色漆（混水漆）涂饰施工方法

施工步骤：基层处理→嵌批→磨光→刷底漆→刷面漆。

1．基层处理

（1）清除木质表面的灰尘、油脂、胶迹以及节疤处的树脂时，注意不能对基层材料的平整表面造成损伤，木质表面在铲刮时应顺木纹方向，在与木纹垂直方向铲除时用力不可过大，避免造成凹痕。

（2）将含松脂特别多的树脂囊、节子挖除，再补上同样的木材，注意木纤维方向一致。

（3）干性油或带色油打底。

要求涂刷薄而均匀，不允许有留挂等缺陷。

2．嵌批

（1）一般采用石膏油腻子，硝基色漆的基层常用血料腻子。嵌批要求实、平、光，即做到密实牢固、平整光洁，为涂饰质量打好基础。施工中必须保证在腻子彻底干燥并打磨后方可进行油漆涂饰。

（2）为避免腻子中的漆料被基层过多吸收而影响腻子的附着力，嵌、批腻子工序要在底油干燥后进行。

（3）为避免腻子出现开裂和脱落，要尽量降低腻子的收缩率，一次填刮不要过厚，最好不超过 0.5mm。

（4）局部裂缝、凹陷、钉眼等用腻子镶嵌补填平整，干后用木砂纸全面磨光。嵌补时要用力将工具上的腻子压进缺陷内，填满、填实，将四周的腻子收刮干净，使腻子的痕迹尽量减少。对较大的洞眼、裂缝和缺损，可在拌好腻子中加入少量的填充料重新拌匀，提高腻子的硬度后再嵌补。嵌腻子一般以三道为准，为防止腻子干燥收缩形成凹陷，还要嵌补，嵌补的腻子应比物面略高一些。

（5）满刮腻子要从下至上、从左至右，先平面后棱角，以高处为准，一次刮下。手要用力向下按腻板，倾斜度为 60°～80°，用力要均匀，这样可使腻子饱满又结实。

3．磨光

用1号木砂纸打磨。线角处要用对折砂纸的边角砂磨。边缘棱角要打磨光滑，去其锐角以利涂料的粘附，在纸面石膏板上打磨，不要使纸面起毛。

4．刷底漆

刷调和漆一般多采用白色油性漆做底漆，可以衬托和增加面漆色彩的鲜明程度（俗称"操白漆"）。要薄而均匀地涂两道底漆，第一遍干后，用0号和1号旧木砂纸打磨一遍。然后刷涂第二遍底漆，干后用0号木砂纸打磨平滑；

刷涂硝基色漆的底漆，可用香蕉水与硝基色漆调稀后使用（比例为1:1.5）。底漆通常三遍成活，每遍干后用280~320号水砂纸湿磨。

5．刷面漆

（1）要经常搅拌油漆，防止颜料沉淀，造成漆膜颜色不匀。

（2）通常涂刷三遍，第一遍干后，复补腻子，干后用0号或1号旧木砂纸打磨平滑。湿布擦净后第二遍面漆，干后再打磨平滑。湿布擦干净后第三遍面漆。

卫生洁具的安装方法

施工步骤：选材→防水处理→安装。

1．选材

（1）坐便器

①坐便器有前排水和后排水之分，采购前，先要量好"坑距"，即坐便器落水管中心点至墙面（贴好瓷砖的墙面）的准确距离，一般是26~42cm不等，选择与此距离相对应的坐便器。否则，坑距不对是不能用的。

②坐便器的洗净面和表面不允许有任何细小的裂纹与缺陷，用手伸进坐便器的排水弯道内细摸是否粗糙（会影响冲洗），是否有裂纹等。

③坐便器的底部存水有高水位和低水位之分，注意根据自己的习惯选择冲净后的存水高度。

④坐便器的冲水量应在6~8L。应选购冲洗压力高、排污力强、噪声小的坐便器。

（2）洗面盆

洗面盆流行台下盆，独立式洗面盆流行壁挂式，如欲采购此式，必须在墙里预埋下水管道。

(3) 浴缸

①浴缸要选择表面光洁明亮、坚硬耐磨、耐冲击、抗老化、不易污染、容易洗涤的产品;

②铸铁浴缸保温性能好,质坚耐用,但价格高;钢板浴缸要选择防滑型的;亚克力浴缸轻便,但底部易破裂,可根据自己喜好选择。

③各种卫生洁具的外形尺寸允许偏差为±3%。

2. 防水处理

(1) 为确保落水管口四周不渗漏,将所有落水管道四周3cm,用纯水泥加防水胶抹实,阴干后涂两遍防水胶至落水管道内10cm深处。

(2) 地漏应安装在卫生间的最低处,为利排水,须凹进地面5mm,若与地面水平,会形成地漏处积水和排水不畅。

3. 安装

(1) 卫生间洁具安装水平位置,允许偏差≤2mm,垂直度偏差不得超过3mm,高度上下偏差允许10mm。

(2) 支托架安装须牢固、平整,与器具接触紧密,宜采用预埋螺栓或膨胀固定有饰面的浴缸,应留有排水口的检修门。

(3) 安装坐便器先将落水口四周抹油泥2cm,将底座落地处抹油泥一圈,宽2cm并平整(这里忌用水泥,水泥会膨胀,使坐便器底部裂缝损坏)。将坐便器出水口对准落水管道慢慢用力均匀压紧;用水平尺将坐便器校平,然后均匀拧紧底座螺栓。安装固定后立即用几桶清水灌入坐便器内冲洗,以防溢出的油泥黏附在管口四周造成排污不畅。最后在底座四周打上硅胶,以防渗水。

(4) 安装冷热水龙头时,应注意以面向位为准左热右冷。

(5) 安装电热水器,应有接地保护装置,试验时,先排除热水器胆内空气,而后注水通电启动。

(6) 所有器具安装完毕后,注意成品保护,以防损坏和污染。

(7) 凡须用硅胶密封处,注意使用进口玻璃幕墙硅胶,耐酸碱、不变色、不发霉。

木门窗的安装方法

施工步骤:检查安装条件→修刨门窗扇→剔合页槽→固定门窗扇→门窗小五金及玻璃安装。

1. 检查安装条件

当在同一空间内安装多扇门时,应拉通线,以控制门高度的一致性。

2. 修刨门窗扇

量好门窗樘洞口的净尺寸,修刨门窗扇。扇两边应同时修刨,并注意风缝的大小,一般门窗扇的对口处及扇与框之间的风缝需留 2mm 左右,门下空隙允许在 6mm 左右,门下若为地毯,门下留空则应增加到 20mm。

3. 剔合页槽

合页位置距上下边的距离宜为门窗扇高度的 1/10 左右,并避开上、下冒头,这个位置对合页受力比较有利。

4. 固定门窗扇

安装好后要试开,以开到哪里就停在哪里为好,不能有自开或自关的现象。

5. 门窗小五金及玻璃安装

(1) 小五金应安装齐全,位置适宜,固定可靠。要求:均应用木螺钉固定,不得用钉子代替;应先用锤打入 1/3 深度,然后拧入,严禁打入全部深度;采用硬木制作的门窗,应先钻 2/3 深度的孔,孔径为木螺钉直径的 0.9 倍。

(2) 门锁安装:位置应错开中冒头与立梃的结合处,检查门锁开关是否灵活。

(3) 门窗拉手:应位于门窗高度的中点以下,窗拉手距地面以 1.5~1.6m 为宜,门拉手距地面以 0.9~1.05m 为宜。

(4) 门窗玻璃宜在木工完毕、油漆前安装,以免损坏。

木门套施工方法

施工步骤:检查门窗洞口及打孔埋楔→制作及安装基层板→装钉面板→装钉木线。

1. 检查门窗洞口及打孔埋楔

检查门窗洞口尺寸是否符合要求,是否垂直方正。木楔间距根据面板厚度,一般 300mm。

2．制作及安装基层

（1）方便快捷，在门框中安装细木工板、胶合板或中密度纤维板基层比龙骨方便快捷。要求裁割尺寸准确，表面平整牢固，不平时用木楔垫实打牢。

（2）在门框基层板的表层应装钉 9mm、12mm 左右的胶合板或实木平板线做门挡，能使门窗关闭时限位。

3．装钉面板

（1）应挑选木纹与颜色相近似的用在同一洞口、同一房间。

（2）注意钉子间距不能过大，一般为 100mm，钉帽不得外露，应冲入板内 1～2mm。

4．装钉木线

（1）主要是木贴脸（门、窗套线）以及门扇限位处的木线收口。木线要求：要光洁、平实，手感顺滑，无毛刺，不能选用留有刀痕或粗糙毛刺的木线，木线不能有节疤、开裂、腐朽、虫眼等现象。不能有不笔直及背面的质量问题。线条宽度、厚度尺寸较大时，背面应有卸力槽。

（2）应挑选与门窗套面板颜色相近似的材种，纹理清晰美观。

（3）装钉木贴脸先钉横向的，后钉竖向的，45°割角接合，紧贴墙面。横竖贴脸板的线条要对正，割角应准确平整，对缝严密，安装牢固。

（4）贴脸板与木筒子板搭接处要平齐，贴脸板应完全遮盖住木筒子板的立茬。门贴脸板的厚度不能小于踢脚板的厚度，以免踢脚板冒出而影响美观。

木窗帘盒施工方法

施工步骤：制作→安装。

1．制作

（1）不得露钉帽，将溢胶及时擦净，应注意割角处不要露缝。

（2）待结构固定后，用 0 号砂纸打磨掉毛刺、棱角、立茬。

2．安装

（1）同一墙面上有几个窗帘盒，安装时应拉通线，使其高度一致。将窗帘盒的中线对准窗洞口中线，使其两端高度一致。窗帘盒下口稍高于窗口上皮或与窗口上皮平窗帘盒的长度，除外接式窗帘盒（当玻璃窗宽度占墙宽度 3/5 以上时，窗帘盒可不设上盖板及端盖，直接固定在两侧墙面，即做出一条通贯墙面长度的遮挡板）与墙面长度一致外，通常由窗洞口的宽度决定，一般比窗洞口两侧各长150mm或180mm，即比窗洞口宽度大300mm或360mm。

（2）窗帘盒的净空尺寸。①宽度不足，会造成布窗帘过紧不好拉动启闭，反之宽度过大，窗帘与窗帘盒因间隙过大影响美观。②净高不足，不能起到遮挡窗帘上部结构的作用，反之净高过大，会造成窗帘盒的下坠感。盒内净宽：安装双轨时应为：180mm；安装单轨时应为140mm。一般布料窗帘其窗帘盒的净高宜为120mm左右；垂直百叶帘和铝合金百叶帘的窗帘盒净高一般为150mm左右。

木护墙施工步骤与方法

施工步骤：施工条件→预埋木榫→防潮、防火处理→装钉龙骨→装钉基层板→装钉面板→钉踢脚板和压条。

1．施工条件

（1）在墙身结构施工前，吊顶的龙骨架应吊装完毕。需要通入墙面的电器布线管路应敷设到位。施工材料施工机具等准备齐全。

（2）墙面基层应铲平、清浮灰，对不平整的墙面应用腻子批刮平整。

2．预埋木榫

根据图纸尺寸，先在墙面划出水平标高、弹出分档线。根据线档在墙面加塞木楔，其位置符合龙骨分档的尺寸，一般300~500mm。

3．防潮、防火处理

（1）防潮处理：在潮湿地区或外墙基层需做防潮处理。在安装木龙骨前，用油毡或油纸铺放平整，搭接严密，不能有折皱、裂缝、透孔；若用沥青，应待基层干后，再均匀涂满沥青，不得漏涂；也可在墙面涂刷一层防水涂料。

（2）防火处理：室内木装修必须符合防火规范，建议在木龙骨上以及木护墙板背面涂刷防火漆不少于3遍。

4．装钉龙骨

（1）木龙骨宜选用木质较松、较轻，含水分少，不易龟裂、变形的木材，白松是一般的木结构龙骨材料，红松和花旗松则是理想的木骨架材料，尽量避免选用落叶松和马尾松做木骨架材料。

（2）木龙骨宜采用24mm（厚）×30mm（宽）方木。钉龙骨时，入钉应正对木楔位置。

（3）装钉完毕后，要检查其立面垂直度和表面平整度，立面垂直度允许偏差3mm，表面平整度允许偏差2mm。

5．装钉基层板

将基层板钉胶接合在木龙骨架上，注意钉接在木骨架上，板边用钉量适当加密。

6．装钉面板

（1）面板不论是原木板材还是胶合板，均应预先进行挑选，分出不同材质、色泽或按深浅颜色顺序使用，近色用在同一房间内（刷混水漆时不限）。

（2）实木拼板应注意拼接时两板间色差要近似。板的背面应做卸力槽，以免板面弯曲变形，卸力槽一般间距为100mm，槽宽10mm，深5mm。

（3）在长度方向上对接时，花纹应选通顺的。接头位置应放在不显眼地方。

7．钉踢脚板和压条

（1）踢脚板和压条应紧贴面板，表面光滑，接缝严密，出墙厚度一致，钉距不得大于300mm。

（2）收口线角要注意在转角、转位的地方连接贯通，圆滑自然，顺直平整，不能有断头、错位，线条宽度要一致，做到有头有尾，首尾相接，形成封闭的线条框。

木隔断施工步骤及方法

施工步骤：弹线打孔→固定木骨架→装钉基层板→固定饰面板→收口处理。

1．弹线打孔

弹出龙骨的宽度线与中心线，同时画出固定点的位置。在钻出的孔中打入木楔，如在底层或易受潮的部位，最好将木楔刷上桐油，干燥后再打入孔内。

2．固定木骨架

固定靠墙立筋。固定前先检查墙面平整度并修正或调整。

先固定点位置，在木骨架上划线，标出固定点位置，然后钉牢在墙面预埋木楔上；再固定上槛、下槛。上槛、下槛两端要紧顶靠墙立筋。

然后固定中间立筋。中间立筋的间距根据罩面板的宽窄来决定，一般为

400～600mm，要能使板材的两头搭接在立筋上，并能用钉子钉牢。立筋要安装垂直，上下端钉紧上下槛，分别用钉斜向钉牢。门樘边的立筋应加大断面或双根并用，并采用铁件加固。

最后安装横撑或斜撑：在立筋之间需钉几条横撑，横撑可不与立筋垂直，将其两端头按相反方向稍锯成斜面，以便钉钉。横撑的垂直间距宜1.2～1.5m，门樘上方加设人字撑固定。

3．装钉基层板

将基层板钉胶接合在木骨架上，注意钉接在木骨架上，板边用钉量适当加密。

4．固定饰面板

（1）先按分块尺寸弹线，板材规格与立筋间距不合时，应用细齿锯锯裁加工，已加工板材的边要齐整，角要方正。

（2）经挂线调整后，将板面压平从中间开始向外依次用铁钉固定。要求板面平整，无翘曲无波浪。钉帽打入板面后，板面不得有锤痕。

5．收口处理

要求线体平整顺直、表面光滑流畅、色调一致。

楼梯木扶手的施工方法

施工步骤：制作→安装→油漆。

1．制作

（1）楼梯的木质扶手及扶手弯头应选用干燥处理的硬木，一般采用水曲柳、柳桉、柚木、樟木等。

（2）木扶手与弯头在制作时，注意留线，防止连接时亏损。

2．安装

（1）安装扶手应由下往上进行，首先按照栏杆斜度配好起步的弯头，再接扶手，其高低要符合设计要求。按图纸要求的标高弹出坡度线，在墙内埋设防腐木砖或用固定法兰盘，然后将木扶手的支撑件与木砖或法兰盘固定。

（2）木扶手安装必须牢固。尤其是扶手末端与墙、柱连接处，必须安装牢固，无松动现象。

3. 油漆

安装完毕要修接头，再用小刨子刨光。不便用刨子的部位，应用细木锉锉平、锉光，使其坡度合适，弯曲自然，最后用砂纸磨光。

最后刷一遍干性油，防止受潮变形，注意成品保护，不得碰撞、刻划。

清漆涂饰

施工步骤：基层处理→底层着色→满刮腻子磨光→涂层着色→涂饰面漆。

1. 基层处理

（1）清除木质表面的灰尘、油脂、胶迹，以及节疤处渗出的树脂等。要求涂饰成浅淡色泽的表面，如果有色深的部位要进行脱色处理。

（2）涂刷一道22.2%的白虫胶清漆，干后用0号木砂纸将表面打磨光滑。

2. 底层着色

（1）使用按比例调配均匀的老粉。

（2）采用圈擦或横擦等方法反复擦几次，使填孔料充分填满木材管孔内。擦时用力均匀，使色调一致。干燥前，用干净的旧布将表面多余的浮粉揩掉。

3. 满刮腻子磨光

（1）要顺木纹刮批，收刮腻子时只准一个来回，不能多刮，防止腻子起卷或将腻子内部的漆料挤出而封住表面不易干燥。

（2）常用透明腻子，要求实、平、光，即做到密实牢固、平整光洁。在施工中不可随意减少刮批腻子的遍数，油漆涂饰在腻子彻底干燥并打磨后。

（3）满刮腻子要从上至下、从左至右，先平面后棱角，以高处为准，一次刮下。手要用力向下按腻板，倾斜度为60°~80°，用力要均匀，这样可使腻子饱满又结实。

（4）等腻子干燥后，用1号木砂纸打磨。线角处要用打折砂纸的边角砂磨。边缘棱角要打磨光滑，去其锐角以利涂料的粘附。在纸面石膏板上打磨，不要使纸面起毛。

4. 涂层着色

（1）涂刷一道25%的白虫胶清漆，干后用0号木砂纸打磨光滑，再涂刷1~2道28.6%的白虫胶清漆。

（2）如果漆膜表面有颜色较浅或色花部位，可用稀虫胶清漆加入少量铁红、铁黄、铁黑等颜料，调和后拼色。

5．涂饰面漆

常见的有聚氨酯清漆、聚酯清漆、硝基清漆、丙烯酸清漆、虫胶清漆等，其性能及施工方法：

（1）聚氨酯清漆：一般由双组分或多组分组成，使用时要按说明书上规定的配比现配现用，4h内用完。配漆时切忌与水、酸、碱等物接触，否则影响漆的质量。调配均匀后，在室温静置15～30min后再涂饰，否则容易产生气泡和针孔。一般需要涂饰2～3遍，注意每遍干后再涂刷下一遍。刷漆时，不要在中途起落刷子，以便留下刷痕。常温条件下，涂刷第二道涂层时，应让第一道涂层有0.5h以上自干时间；同时两遍涂层的间隔时间也不能过长。当环境温度在15～30℃时，每日可刷一道；在30°以上时，可刷两道。面漆涂刷后经7d方可使用。

（2）硝基清漆：可根据质量要求涂刷2～4遍，每遍间隔60min。涂刷动作要快，注意刷到、刷匀，不能来回多刷。

（3）聚酯清漆：一般由多组分组成，混合后的清漆必须在20～40min内用完，要随配随用，用多少配多少。涂刷3道即可形成丰满、光亮的漆膜。操作环境不宜低于15℃。

（4）丙烯酸清漆：操作方法基本与硝基清漆相同，但可适当来回多刷。一般涂刷4～5道，每道刷完后，要在室温干燥24h以上，待干后再刷下一道。最后一道要干燥24～36h才能进行抛光等工序。

（5）清漆：涂刷动作要快，注意刷到、刷匀，不能来回多刷。一般要连续刷2～3遍，然后用320号水砂纸蘸肥皂水或水全面打磨一遍，再用棉花团蘸稀虫胶清漆，并将滑石粉薄薄涂在棉花团上，顺木纹擦十几次，然后去掉滑石粉，再涂擦十几次，这时漆膜就能达到平滑光亮的程度。冬季施工时，室温不得低于15℃，也可在漆内掺加4%的松香酒精溶液（不超过油漆用量5%）。

清漆木地板

施工步骤：基层处理→刮批腻子→地面着色→涂刷清漆。

1．基层处理

（1）地面清扫干净后，用磨光机磨平。
（2）边角处用细木砂纸人工打磨，清扫擦净，使地板表面平整光滑。

2. 刮批腻子

用颜色近似的腻子将地板的拼缝、凹坑、裂缝填实刮平，干后用1号木砂纸打磨平滑，清除灰屑。

3. 地面着色

（1）按配方比例调配着色材料，将着色用的水老粉或油老粉搅拌均匀。着色时用无色棉纱蘸取水老粉或油老粉，均匀涂擦在木地板表面。涂擦要重复多次，以保证颜色的均匀。

（2）涂擦完后，在水老粉或油老粉干燥前，用无色棉纱将木面的浮色粉擦掉。

4. 涂刷清漆

目前常用的地板漆可分为高、中、低档三类。高档的是水晶地板漆，中档的是聚氨酯清漆，低档的是醇酸清漆、酚醛清漆等，其性能及施工方法：

（1）水晶地板漆：水晶地板漆要与其配套产品化白水一起使用。一般涂刷两遍成活。第一遍，水晶油∶化白水＝5∶1，用漆刷从一个方向来回刷涂，涂刷要均匀，不能有漏刷、流挂现象。第二遍，水晶油∶化白水 20∶1，涂刷方向与第一遍横竖交叉。水晶地板漆的特点是漆膜坚韧、光泽丰富、附着力强，并且耐磨、耐水、耐化学腐蚀，而且不用上蜡。

（2）聚氨酯清漆（见上一篇文章中涂饰面漆中1）。

（3）醇酸清漆、酚醛清漆一般涂刷两遍成活。第一遍可以加入适量溶剂（5%～10%），第二遍可加也可不加，主要根据需要而定，但加入的溶剂比例不得大于5%。

待油漆完全干燥后，方可在地板上面行走。

木地板地面工艺步骤及方法

工艺步骤：清理基层→确定标高→安装木龙骨→安装基层板→安装面层板→磨光、油漆。

1. 清理基层（见上文）

2. 确定标高

（1）在墙面距基层50cm处弹画出标高控制线。

(2) 木地板面层的标高由地板构造厚度（一般不大于5cm）、使用要求及相邻房间的标高情况确定。

(3) 木地板与其他形式地面的高差不宜大于1.5～2cm。

3. 安装木龙骨

(1) 木龙骨一般选用易钉钉子的木材，如白松等；断面尺寸一般有25mm×30mm、25mm×40mm、30mm×50mm等几种，根据地板构造厚度选用。

(2) 木龙骨铺设前应进行防腐防虫处理。防腐可涂水柏油，防虫要放杀虫剂或天然樟脑丸。

(3) 木龙骨的间距应根据面层板的长度决定，一般板长应为龙骨间距的整倍数，且龙骨的中心距不宜大于30cm。

(4) 木龙骨的铺设方向应与面层板的铺设方向相垂直；采用地板钉与安装在基层中的木楔钉牢固定；木楔的安装应弹线进行，其间距不应大于25cm。

(5) 木龙骨固定前应仔细检查标高是否准确，并用水平尺检查水平度，如有误差应采用木垫片进行调整。

4. 安装基层板

(1) 基层板的作用是增加厚实感，减少地板的空洞声，以复合地板为面层的必须使用基层板，以实木地板为面层的从节省投资出发亦可不用。

(2) 基层板的材料一般为木工板或七夹板和九夹板，根据地板的构造厚度选用；基层板应用钉子与龙骨呈30°或45°斜向钉牢；基层板间缝隙不应大于3mm；基层板与墙壁间应留有8～10mm的间隙；固定时，钉距不应大于龙骨间距，钉长应为板厚的2.5倍。

5. 安装面层板

(1) 安装实木地板前应先选材，剔除不合格的材料，对含水率超标的进行干燥处理。

(2) 铺设时，要求木地板的长向应与房门的进出方向一致；实木面层板与基层板之间应先铺一层薄塑胶垫，以消除层间空隙，防止产生响声和底面潮气的侵蚀；复合地板安装前应先在基层板上铺一层胶垫，胶垫展开方向应与面层板铺设方向垂直，胶垫接缝处应用胶带封闭。

(3) 实木面层板的板间应接缝严密，侧面用地板钉与木龙骨斜向钉牢，每块板固定点不宜少于两处。

(4) 面层板与墙壁间应留有8～10mm的伸缩缝隙；其接头应交错布置，不留通缝；

6．磨光、油漆

（1）实木地板安装后，应先细刨一遍后再用磨光机打磨。
（2）刨磨的总厚度不宜超过1.5mm。
（3）刨磨后地板表面不应留有刨痕。
（4）实木地板磨光后，可放置一段时间待胀缩稳定后再进行油漆。

陶瓷地砖地面工艺流程及施工方法

施工步骤：基层处理→弹线冲筋→洒水湿润→刷素水泥浆结合层→找平层的铺设→铺贴面砖→修整养护。

1．基层处理

（1）基层处理缺损、空鼓、起壳、泛砂等问题。
（2）凿除浮浆、扫清杂物、刷净油污，清除原装饰层。
（3）用水冲洗、晾干。

2．弹线冲筋

（1）应在墙面距基层50cm处弹画标高基准线。
（2）做灰饼，冲灰筋应依据标高线进行，灰筋的上表面应为地砖的地面标高。
（3）在有地漏的房间，筋条应朝地漏方向放坡，坡度一般为1%～2%。

3．洒水湿润

适量洒水的作用是调整基层含水量，使水泥砂浆找平层硬化时有足够的水分保证，洒水时不应产生积水。

4．刷素水泥浆结合层

素水泥浆的水灰比为2:1，可加入水重量20%的建筑胶，其作用是加强基层与找平层间的粘结，涂刷后应立即进行找平层的施工。

5．找平层的铺设

找平层要求：①应采用干硬性水泥砂浆，灰砂比为1:2.5；②干硬程度以手捏成团落地开花为标准；③铺灰后以灰筋条为标准刮平、拍实、搓毛。

注意：施工应由里向外进行，完成后应放置24h，方可进行下道工序。

6．铺贴面砖

用水浸泡地砖，避免水泥粘结层因失水过快而使粘结力和强度降低，湿润程度以水不再冒气泡为标准，且不少于 2h；在房间中心弹画正十字线，测量房间的几何尺寸，并根据十字线进行排砖，排砖时要考虑墙柱、洞口等因素，半块砖应置于边角处，砖缝应与踢脚或墙面砖对应。

拌和粘结水泥浆：按水重量的 20% 掺入建筑胶以增强粘结力。

铺贴前，找平层应洒水湿润；水泥粘结层应满抹，厚度以 6mm 为宜；铺贴时，砖面应略高于标高控制线，安放平稳后在砖面上垫木方，并用木锤或橡皮锤敲击拍实，见砖缝中溢出水泥浆即可；锤击地砖应垫木块，以防面砖破损；纵横各铺一条十字控制线作为标准；铺贴顺序应遵循先里后外、先大面后边角的原则，宜采用密贴法，不留缝隙。

7．修整养护

检查是否边铺贴、边拉线，检查缝隙是否顺直，表面是否平整，应及时修整，2d 后再次进行检查修整；先灌稀水泥，再撒干水泥，稍干后用棉纱反复揉擦，将缝隙添满；溢出表面的水泥浆应用湿布擦拭干净。然后铺锯末或覆盖草袋、塑料薄膜并洒水进行养护；时间不应少于 7d；养护期内不能上人。

石材地面的工艺步骤及施工方法

工艺步骤：清理基层→试拼→弹线→刷素水泥浆→铺结合层→铺砌→灌浆、擦缝→养护、打蜡。

1．清理基层

（1）检查、修补基层；凿除旧房原地面。
（2）清除浮浆、杂物、油污，冲洗干净、晾干。

2．选拼石材

（1）根据房间的形状、尺寸和石材的大小，确定铺砌方法以及洞口、边角处石材的摆法。
（2）根据石材的花纹、颜色试拼，并按两个方向进行编号，半块板应对称置于墙边，色差较大的应放在边角处。

3．弹线

（1）在基层上画正十字位置线，以检查房间的方正并确定石材的摆放方向。

(2) 在墙壁上距基层面 50cm 的地方画水平标高线，据此确定面层的标高以及相邻房间地面高度的关系。

4．试拼

(1) 按十字线铺两条干砂，宽度大于石材，厚度不小于 3cm。
(2) 将石材按试拼位置放在砂条上。
(3) 检查缝隙大小，核对石材与墙面、柱、垛、洞口的相对位置。

5．铺结合层

(1) 试排后移开石材，扫净干砂，洒水湿润。
(2) 素水泥浆灰水比为 1∶0.45，可在水中掺 20% 的建筑胶。
(3) 先拌后刷，涂料要均匀，严禁直接在基层上浇水、撒干水泥进行"扫浆"，刷浆后应随即铺设水泥砂浆结合层。
(4) 根据标高控制线确定砂浆层的厚度，一般为 2~3cm，且应高出石材底面标高 3~4mm。
(5) 拉十字厚度控制线，铺设水泥砂浆。

要求：水泥砂浆应为干硬性，灰砂比为 1∶2~2.5（质量比），干硬程度以手捏成团、落地开花为标准；铺好后应刮平并拍实。

(6) 一次铺设面积以 3~4 块石材大小为宜。

6．铺砌

(1) 石材应先浸水湿润，以免粘结层失水过快，降低粘结力和强度，铺砌时擦干表面水分。
(2) 从十字位置控制线的交叉点开始，依据试拼编号顺序进行。
(3) 将石板顺控制线放在结合层上，用橡皮锤击木方震实砂浆至板面到达控制高度后掀开石板，用砂浆填补板块与结合层之间的空隙。在试铺合格的接合层上用壶均匀地浇一层灰水比为 1∶0.5 的素水泥浆。
(4) 正式铺砌：将石板重新安放在结合层上，用橡皮锤敲击木方并用水平尺找平。铺砌顺序为：从十字线交点开始，向两侧及后退方向继续，先纵横各铺一行，再分块依次进行，一般宜先里后外、先大面后边角，逐步退至门口。
(5) 铺砌时要求：应严格按试编号进行，注意尽量减少缝隙宽度，当设计无规定时一般不应大于 1mm。

7．灌浆、擦缝

铺砌完成 2d 后进行灌浆、擦缝；灌缝水泥浆可用白水泥掺加与石材颜色相近的颜料拌制，水灰比为1:1；灌浆应饱满，至见水泥溢出为止；擦缝应于灌浆完成1~2h后进行，板面多余的水泥浆应用棉纱擦拭干净。

8．养护、打蜡

（1）石材地面施工完后，应用湿草袋或塑料薄膜覆盖，并进行洒水养护；不应少于7d，养护期内不宜上人踩动；

（2）打蜡应在交工前进行，最好请专业公司采用机械方法进行，人工打蜡可用麻布蘸熔化的石蜡在板面反复擦磨，至表面光滑亮洁。

太阳能热水器的安装方法

施工步骤：选材→安装。

1．选材

（1）选择双保险的太阳能热水器，既有漏电保护装置，又有过压、过流、干烧断电保护装置。

（2）选择有电加热功能的太阳能热水器，防备冬日阳光不足。

（3）太阳能热水器要有自动上水及停止功能，应在40~80℃范围内任意控温。

（4）内水箱应为食品级不锈钢板，以确保饮用级出水。外水箱要耐强腐蚀，抗严寒。

2．安装

（1）朝向应为正南，如条件不够，偏移面不得大于15°。集热器的倾角，宜采用当地经纬度为倾角。

（2）以水作介质的太阳能热水器，在0℃以下地区使用，应采取防冻措施，热水箱及上、下管等循环管道均应保温，用进口聚氨酯软泡沫套管。

（3）管套封再加铝箔包裹，最后用胶带缠绕固定。

（4）安装牢固，可抗十级大风，所有配件要做好防腐处理。

（5）太阳能热水器的最低处应安装泄水装置。

（6）在安装太阳能（热水）集热器玻璃前，应对集排管和上、下水集排管做水压试验，试验压力为工作压力的1.5倍。

委 托 监 理

装修开工后,那就需要进行施工监理了。可是没有时间怎么办?请监理公司是一种比较好的办法。那么怎样请监理公司,监理公司都能帮你什么忙?监理公司怎么收费的?请完监理公司就一了百了吗?本文将对以上问题做简要回答,让你轻松监理家装。当然,如果你有亲朋好友精通监理,你也可以请他们代为监理。

消费者为什么需要监理服务

一般消费者因为工作或学习繁忙,时间紧张或不懂装修,也不想在上面花时间,所以就需要请监理公司。

现代家装工艺的细节比较复杂,一般人难以全面监管到。建材种类繁多,非专业人员难以明白其质价是否相符。家装报价比较复杂,也很容易产生问题,所以选择监理公司尤为重要。

监理是由消费者委托,为消费者服务的。

我国有关法规明确指出:监理单位应按照独立、自主的原则开展工程建设监理工作。

监理单位不能也不应与施工企业有任何的经济合作关系,更不应由施工单位指定监理单位。

按照监理工程师的职业道德和工作纪律规定:

监理工程师不得在政府机构或施工、设备制造、材料供应等单位兼职;不得是施工、设备制造和材料、构配件供应单位的合伙经营者。

监理的作用与选择

监理的作用:监理可以帮助用户考察和确定装修承包商,也可以审核确定设计图纸,总之,监理可以做你不懂的一切工作。

(1) 帮助消费者考察和确定(而非推荐)装潢承包商;
(2) 审核确定设计图纸;

(3) 审核确定预算价格，使预算价格等同于结算价；

(4) 协助消费者签订装潢工程合同，在签约前了解所需材料的品牌和等级及全部清单；

(5) 对进场材料进行验收；

(6) 对施工工艺操作上加以把关；

(7) 对施工进度加以控制；

(8) 关于工程变更提供建议；

(9) 协助维护工地的纪律；

(10) 对于隐蔽工程、分部工程和总竣工的施工质量，严格按各地家居装饰验收标准进行验收。在整个装潢工程施工过程中，监理人员紧紧抓住容易造成隐患和发生纠纷的三个重要环节：审核、材料、质量。一旦发现有工程质量上的问题，会及时、果断地发出停工、整改的通知，制止一切违规现象的产生。

监理必须是独立的第三方。

监理公司需经过工商部门及其他有关部门的注册登记，持有合法有效的工商营业执照及其他必备的证照。

需经室内装饰行业的主管部门（国家轻工局，各省、市的轻工管理部门或室内装饰行业管理机构）的批准，监理公司必须持有上述主管部门颁发的资质等级证书或批准文件。

《中华人民共和国建筑法》第四章专门对建筑工程监理作了具体的规定。建筑工程监理是依照法律、行政法规及有关技术标准、设计文件和建筑工程承包合同，对承包单位在施工质量、建筑工期和建设资金使用等方面，代表建设单位（甲方）实施对工程的监督，它是一项综合性的管理工作。

监理公司、监理员、监理工程师必须具有资质，虽受甲方（发包方）委托，代表甲方（发包方）对工程进行全面、全过程的监管，但监理应是独立的第三方，是具有法人资格的机构，与甲方（消费者）和乙方（施工单位）以及材料供应单位不得存有隶属关系和其他利害关系。其职责是：尊重事实，依据事实，客观、公正、独立地提出建议和解决方案，不能偏向任何一方。

现在对习惯上所说的监理在认识上存在两种误区：

(1) 把监理员当作甲方（消费者）的质量员代言人，或是甲方的现场质量管理员，这显然是片面理解工程监理员的职责。

(2) 有些装饰施工企业自称工程监理，并且要在工程价款以外另付一笔监理费，这也是一种错误的做法。

■ **Allgo5 专家提示：**

监理可以帮你做上面所说的事情，但有一条要谨记：监理一定要请第三方的，不要被家装企业提供的监理所蒙骗。如果要选监理公司来替你监督施工，最好去寻找一个有资质的监理公司，当然，中期验收的时候你也要自己把好关。

家装监理七项职责

在装修时知道请监理，但是监理到底能为大家做一些什么呢？也许你会说不就是在装修的时候监督一下装修公司吗？其实不是，监理可以帮你很多。如果你对装修七窍通了六窍，那么还是从你准备装修的时候就开始找一个监理帮你出谋划策。

家居装饰监理公司的作用现在越来越被广大消费者所认识和接受。那么，家装监理能做哪些工作呢？家装监理由工程监理细化引申而来，是指监理工程师作为独立于消费者和承包商的第三方，对工程项目进行监控、督导与评价，制止工程建设中的随意性与盲目性，保证工程建设按规定的目标实现。与家装监理公司签订委托合同书后，监理公司将为客户提供家装过程中所涉及的一直到完工后保修期开始的一系列服务。

1. 审核装饰公司的资质和营业执照

选择装修公司时，家装监理公司负责对消费者所选择的装修公司进行全面调查。调查内容包括该公司的营业执照、建设部或各建委核发的资质证明、行业资质等级、经营场所、规模、是否具有完整的工程质量保证体系、是否具有一整套完善的施工技术人员及材料的管理办法等等。经过上述条件的严格把关，消费者可以选择一个信得过的装修公司，这是做好装修的最基本条件。

2. 审核装饰公司的设计方案和报价

首先要审核装修合同。消费者与装修公司签订合同后，由监理公司进行严格审核，合同文本必须是各市建筑协会指定的合同文本。监理公司将帮助消费者对合同细节包括工程预算、图纸等进行详尽地审核。根据施工图纸核对被装修房屋的空间尺寸，按照家装工程造价"控量不控价"的基本原则，达到控制家装材料用量的目的。家居装修施工前要做出一整套设计方案，设计者必须遵守建设部和各市建委关于室内装饰装修的有关规定，使设计方案同时具备安全性、实用性、美观性、科学性、坚固耐久性。图纸中必须有节点图、剖面图、制作尺寸图、布置图、顶棚图、电路图及详细的材料使用明细，详细说明材料的品牌、质量等级、规格、颜色、生产厂商等。报价单是按照以上的标定出具的，没有以上具体标定的报价无效。

3．择优选择施工企业

装饰设计方案完成后，由消费者签字认可。在同一尺寸单位、同一材料选定、同一工艺标准、同一工期要求的情况下，由5家装饰企业同时报价。监理公司协助消费者从中选择一家装饰公司为自己施工。

4．严把环保、质量关

主要指材料的检验。材料的正确选择和质量是家庭装修中重要的一环，而往往是在这一环节上，某些装修公司偷工减料、大做手脚，因为家装材料、设备及构配件的价格、品种千差万别，普通消费者没有足够的知识判断优劣。监理公司拥有此类专业人员，帮助消费者选择价格较低、质量好又满足功能的材料。按照国家有关规定，监理公司会对居室装修做周密的计算，再按照居室的大小，得出消费者家的装修能够使用多少装饰材料，各种材料的量应是多少，帮助消费者装修出一个讲环保、高质量、低价位的温馨的家。

5．审核并协助签订家居装修合同

为了使家居装饰合同公平合理，监理公司制定了一个家居装修合同附件，以更好地保护消费者。比如，建议工程款支付方式为：材料进场支付30%，工程量过半支付30%，具备验收条件后支付30%，竣工验收合格、工人撤场后支付5%（合格以由消费者聘请的第三方——监理单位的验收为准），保修期过后支付5%。

6．严把工程监理步骤

协助消费者进行工程验收。施工过程中对施工方与消费者签订的合同中规定的每一个工期进行验收。监理公司要在不同的时段对不同的工序进行验收，合格后才能进行下一道施工。瓦、木、油中期验收、竣工验收等，共有不少于12道工序的验收，完工后进行全面验收。不合格的地方由监理公司出面与装修公司协商解决，并监督至合格为止。验收不合格，消费者可拒付工程款。整体验收合格后，保修期为2年。消费者可将工程款的5%作为保修款，待装饰企业实现了保修的全部内容后，再将余款结清。

7．保修监督

保修期间的监督服务在保修期间如果出现质量问题，监理公司协助消费者明确原因责任，在确定责任原因的前提下，提供协调客户与施工方的维修服务。装修后的房子保修期中出现问题，消费者可直接找装饰公司解决。如果装饰公司倒闭或无法联系，消费者可请求监理单位协助查找，使装饰公司兑现承诺。

家装监理在施工监理过程中，应该始终站在公正的第三方立场上，积极督促检查装修公司在施工过程中的质量、进度和材料用量，与家装客户、装修公司进行沟通，尽量减少不必要的图纸变更及技术洽商，利用成熟的施工技术，保证家装质量、进度和造价；利用科学的技术手段分析判断已经出现的质量问题；并与家装客户、装修公司认真协商，采用确实可行的修复办法，将损失降到最低，从而使家装客户达到满意的装修质量。

■ **Allgo5 专家提示：**

看到这里，大家是不是明白一些监理到底能帮你做些什么了吗？如果你真的像我所说的对装修七窍通了六窍，而且又没有时间自己监理，请个监理也是个方法。

家装监理如何收费

大型的家装监理公司，是专职的家装监理，该类企业以监理费为生。那么他们是如何收费的呢？

根据《北京市家装监理试点方案》，家装施工监理取费标准是按工程监理范围内的造价（含施工费和材料费）乘以相应费率形成。以金家园的监理取费为例：

1．一般技术咨询：免费

2．选择性收费

（1）合同前期服务收费按工作量大小收取工程装修造价总金额的1%。

（2）3万元以下（含3万元）直接收取监理费1000元；3万元~15万元（含15万元）按4%计取；15万元至30万元（含30万元）按3.5%计取；30万元以上按3%计取。四环路以外需另加收监理费的15%~35%作为交通费。

（3）其他服务：各项监理工序单独服务，费用面议。装修全权代理服务，如装饰设计、招投标等。

（4）如需整项工程全天监理服务，费用另行协商。

关于收费标准，市建委只是出具一个指导价格，各个监理公司在取费上有一定的浮动，因此，消费者在选择监理公司时可以稍做比较。

■ **Allgo5 专家提示：**

上面讲的只是一项监理公司收取的费用，而且监理的费用也不低，所以多看看本书，另外再找一些资料来充实，也许，你就会成为一个自己监督装修的监理，当然，你要有充足的时间。

注意对监理的监督

不要以为装修时请了监理就万事大吉，只要等着入住新房就可以了。有很多的监理公司并不都像我们所想象的那样完全为消费者着想的。

1．选择家装监理公司的考察

可能有读者会问，既然这几家监理公司都是合法的家装监理公司，找哪一家不是都可以吗？其实不然，原因很简单：第一，家装监理工作的开展在北京只有一年多的时间，即使是这几家监理公司，水平也有很大差距；第二，同样由于时间短的原因，家装监理工作的从业人员无论从数量上还是素质上还不一定都能够使消费者满意。所以，消费者在选择监理公司的时候，还是应该认真地做出自己的判断。

那么，怎样选择家装监理公司呢？在这里给您提几个建议：

（1）考察监理公司给您推荐的监理人员的实际服务：到某一家监理公司寻求服务，可以要求监理公司提供为自己推荐的监理人员的资料，如监理过的工程，正在进行监理的工程，然后到那些工地去转转，找这个监理服务过的消费者咨询咨询，看看他的口碑如何，他的工作水平怎么样？这样您心里对这个监理人员就有一个初步印象了。

（2）审查监理人员做的监理策划方案：据调查，目前这几家监理公司的工作总的来说已经能够满足一般消费者的需求，但是从专业角度看还是比较粗糙。

2．监理公司也需要监督

既然监理公司摊开了说也是一种企业行为，那么，消费者对于他们的工作进行适当的监督就非常必要了。

（1）与监理公司签一份切实可行的监理协议。有的消费者认为，家装公司我不放心，对监理公司我还能不放心吗？其实，既然都是一种经济行为，谈不上对谁放心不放心，关键是对于这种经济行为应该有一种必要的约束机制，也就是双方应该签订合作协议。

（2）根据协议检查监理公司的工作。消费者与监理公司签订了合作协议以后，双方守约是非常必要的，而目前大多数人对自己签订的合同不太重视，在家庭装修过程中经常发生消费者违约行为就是一个非常明显的例子。所以，既然签了协议就一定要遵守它。

（3）监理协议不可缺少违约责任。由于家庭装修监理工作是一个新生事物，所以，监理的合作协议往往签订得比较粗糙。而一份协议中必要的违约条款，在监理协议里很少能够体现。但是为了保护自己的权益，还是应该在协议里加入违约条款，即监理公司负责监理的工地出现质量问题时监理公司应该承担的责任，以及消费者拒绝支付监理费用应该承担的责任。

中　期　验　收

隐蔽工程验收

中期验收中，家庭装修的隐蔽工程是不能忽视的，它关系着给排水工程、电器管线工程、门窗套基层工程。那么，如何做好家庭装修的隐蔽工程呢？在这里，Allgo5专家将为您讲解。

1．给排水工程

镀锌管易生锈、积垢、不保温，而且会发生冻裂，将被逐步淘汰。目前使用最多的是铝塑复合管、塑钢管、PPR管。这些管子有良好的塑性、韧性，而且保温、不开裂、不积垢，采用专用铜接头或热塑接头，质量有保证，能耗少。

2．电器管线工程

一般电源线分硬线、软线、护套线等，按铜芯粗细又分为 $1mm^2$ 线、$1.5mm^2$ 线、$2.5mm^2$ 线等。为安全起见，更为了便于维修，电源线应套套管。此外常用的还有音响线、信号线等。插座分为10A、15A等，品牌也有多种，假冒的也多。劣质的插座容易引起事故，建议到正规电器用品商店购买较为妥当。电器线路工程，要求施工规范，工人应持证上岗，以保证安全，消除隐患。

■ Allgo5 专家提示：

如今，人们热衷于居室的装修，贴瓷砖、吊顶、改电路、走暗线，而施工装修的作业者不乏为外地民工，尤其是街头揽活的散兵游勇，对北京市的电器安装标准知之甚少，再加上绝大多数的客户也不懂，这样在器件实地装配时，难免遗留隐患，可能会引发火灾造成生命和财产的巨大损失。

3．门窗套基层

先排设龙骨，然后钉细木工板或密度板，表面用饰面夹板钉木线条。注意密度板预先要用水浸泡，避免日后膨胀。

■ **Allgo5 专家提示：**

木封口线、角线、腰线饰面板碰口缝不超过 0.2mm，线与线夹口角缝不超出 0.3mm，饰面板与板碰口不超过 0.2mm，推拉门整面误差不超出 0.3mm。

隐蔽工程完工后，需验收，确保不留隐患，合格后才能进行后续施工。否则今后发现问题，需要返工，既影响质量，又拖延工期。消费者和承包方都将蒙受损失。

厕浴间的工程验收

厕浴间的验收主要是在防水上，防水工作做的不到位不仅会给自己带来不便，而且会给邻里间造成麻烦，怎样验收厕浴间的防水是否做好呢？Allgo5 专家建议，厕浴间的楼板孔洞细石混凝土浇筑应符合以下标准：

（1）细石混凝土的材质强度、配合比和密实度应符合防漏要求和施工规范的规定。

（2）所有竖向穿楼板的立管（加套管），坐桶稳固螺栓，应在验收合格后方可施工。细石混凝土宜分层浇灌插捣密实，保护管道及埋件的位置准确，混凝土与穿楼板的立管及埋件洞口必须结合密实牢固，无裂纹。

> Allgo5 专家提供检验方法：检查试验报告和测定记录，观察检查。

涂膜防水水泥砂浆找平层与保护层应达到的标准：
（1）基层必须密实、牢固、干净、无浮土，符合施工规范的规定。
（2）水泥砂浆与基底结合牢固密实无空鼓，表面平整、密实光洁、无裂缝和麻面起砂，阴阳角做成钝角，规矩顺直。易发生渗漏的薄弱部位收头圆滑，结合严密。
（3）找平层坡度必须符合设计要求，（如设计无要求则应按以下要求，泛水坡度为 1%，不得有局部积水，从地漏边向外伸延至 50mm 处，排水坡度为 3%～5%），泄水畅通。
（4）保护层厚度必须满足设计要求，强度满足施工要求，操作时严禁破坏防水层，保护层砂浆表面平整、密实、坡度正确。

> Allgo5专家提供检验方法：观察、用小锤敲击检查，用水平尺检查。

聚氨酯涂膜防水适用于高级建筑装饰工程的厕浴间防水工程，应达到的标准为：

（1）所用防水涂料技术性能四项指标，必须经试验室进行复验合格后方可使用。

（2）涂膜防水层与预埋管件、表面坡度等细部做法应符合设计要求和施工规范的规定，不得有渗漏现象。

（3）找平层应满足含水率低于9%，并经检验合格后，方可进行防水层施工。

注：含水率检验方法：在基层表面铺设一块1m²橡胶板，静置3~4h，覆盖橡胶板部位无明显水印，即视为含水率达到要求。

（4）涂膜层涂刷均匀，厚度满足产品规定要求且不少于1.5mm，不露底。保护层和防水层粘结牢固，紧密结合，不得有损伤。

（5）聚氨酯底胶、聚氨酯涂料附加层的涂刷方法：搭接收头应符合施工规范要求，粘结牢固、紧密，接缝封严，无空鼓。

（6）如发现涂层有破损或不合格之处，应按规范要求重新涂刷搭接，并经有关人员检查认证。

（7）聚氨酯涂膜层表面不起泡，不流淌，平整无凹凸，颜色亮度一致，与管件、洁具地脚螺栓、地漏、排水口接缝严密，收头圆滑。

> Allgo5专家提供检验方法：观察、手摸检查、蓄水试验（蓄水层高度不少于20mm，蓄水时间不少于24h），检查隐蔽工程记录。

聚氨酯涂膜现场复查技术指标和防水涂料技术性能应符合下表1的规定。

聚氨酯涂膜技术指标和防水涂料技术性能表 表1

项次	等级 试验项目	指标要求	一等品	合格品
1	拉伸强度（MPa）	无处理	>2.45MPa	>1.65MPa
		加热处理	无处理值的80%~150%	≤无处理值的80%
		紫外线处理	无处理值的80%~150%	≤无处理值的80%
		碱处理	无处理值的80%~150%	≤无处理值的80%
		酸处理	无处理值的80%~150%	≤无处理值的80%

续表

项次	试验项目	等级 指标要求	一等品	合格品
2	断裂时的延伸率,大于（%）	无处理	450	350
		加热处理	300	200
		紫外线处理	300	200
		碱处理	300	200
		酸处理	300	200
3	加热伸缩率,小于（%）	伸长	1	
		缩短	4	6
4	拉伸时的老化	加热老化	无裂缝及变形	
		紫外线老化	无裂缝及变形	
5	低温柔性	无处理	－35℃无裂纹	－30℃无裂纹
		加热处理	－30℃无裂纹	－25℃无裂纹
		紫外线处理	－30℃无裂纹	－25℃无裂纹
		碱处理	－30℃无裂纹	－25℃无裂纹
		酸处理	－30℃无裂纹	－25℃无裂纹
6	不透水性,0.3MPa,30min		不渗漏	
7	固体含量		≥94%	
8	适用时间		≥20min,黏度≥10^5Pa/s	
9	涂膜表干时间		≤4h 不粘手	
10	涂膜实干时间		≥12h 无粘着	

基底工程检验一般规定

基底工程是整个装修工程的基础，它将直接影响到装修质量的高低，基底工程包括什么，如何确保基底工程的质量呢？Allgo5专家将在此为您做详细指导。

1．吊顶基底工程

适用于各种金属饰面板、纸面石膏板、木质板、矿棉吸声板、玻璃棉板、玻璃饰面板为面层的吊顶基底工程。

应达标准：

（1）吊顶所用龙骨、吊杆、连接件等必须符合产品组合要求。安装位置、造型尺寸必须准确。

（2）龙骨架构排列整齐顺直，表面必须平整。

（3）龙骨架构各接点必须牢固，拼缝严密无松动，安全可靠。

（4）顶棚内的填充料必须干燥，铺设厚度均匀一致。

（5）用金属网做抹灰基底时，金属网必须铺钉牢固，钉平。接头在骨架主筋上，不得有翘边。

（6）装饰玻璃板的吊顶龙骨架构，其用料材质、尺寸必须符合设计要求。所有连接点必须牢固，安全可靠。

> Allgo5专家提供检验方法：观察、手扳、尺量检查。

■Allgo5 专家提示：

吊顶材料有石膏板，灰板，夹板，铝合金扣板，塑料扣板，磨砂玻璃，彩绘玻璃等，龙骨分木龙骨和轻钢龙骨。吊顶开裂的现象经常出现，如使用弹性腻子嵌缝，并贴尼龙绑带，可以改善这种情况。

2．墙面基底工程

适用于各种细木饰面、高级抹灰饰面、块材饰面、金属饰面、裱糊饰面、软包饰面和玻璃幕为面层的基底工程。

应达标准：

（1）基底工程必须表面平整，立面垂直，接缝顺平，边角方正，尺寸精确。

（2）钢、木骨架隔断墙，其构造必须符合图纸和施工规范要求，轻钢骨架的连接件应符合产品组合要求。

（3）木龙骨（格栅立筋）线槽安装位置必须正确，连接牢固，安全可靠，不得弯曲、变形，木件无劈裂，符合安全使用要求。

（4）墙体内的填充料必须干燥，填充饱满、牢固，不得下垂。铺设厚度应均匀一致，符合设计要求。

（5）以金属网做抹灰基底时，必须钉结牢固，钉平。接头在骨架主筋上，不得有翘边。基层灰与基体间粘结必须牢固，不得有脱层、空鼓及补灰裂缝。

（6）以块材为饰面的基底，必须坚实干净，粘贴用料、干挂配件必须符合施工规范和设计要求。

（7）以涂料、裱糊为饰面的基底必须符合下列规定：抹灰面为基底的质量要求：抹灰面达到高级抹灰标准。灰表面色泽一致，当使用遮盖力不强的面料时，灰面应为纯白色。

（8）以胶合板、纸面石膏板为基底的质量要求：胶合板和纸面石膏板应用耐水板面。表面干净、光滑，割面整齐，接缝严密，无挂胶，无外露钉帽，与骨架紧贴牢固。

（9）以涂料为饰面的金属板基底表面，不得有油污、锈斑、鱼鳞皮、焊渣和毛刺。

（10）裱糊、涂料工程要求基底含水率应符合下列规定：混凝土面、抹灰面不大于8%。木质板面不大于10%。

（11）玻璃幕墙基底的平整度、垂直度、预留洞应符合施工规范和设计要求，其误差必须在连接件可调范围内。

（12）隐框玻璃与结构的连接必须采取预埋铁件的方法，与铝合金连接的紧固件必须使用不锈钢件。

> Allgo5专家提供检验方法：观察、手扳、拉线尺量，用小锤轻击检查，检查检测记录。

3. 轻钢龙骨隔断墙面

适合于以轻钢龙骨为骨架，以纸面石膏板水泥加压板及胶合板等做罩面板的隔断工程。

检验数量：观感普查，允许偏差项目随机抽查总量的20%。

（1）应达标准

①面板安装必须牢固，无脱层、翘曲折裂、缺棱掉角。

②轻钢龙骨安装位置必须正确，连接牢固，无松动，正确选用龙骨系列并符合产品组合要求。

> Allgo5专家提供检验方法：观察、手扳、尺量检查，检查产品合格证书。

（2）审核标准

①罩面板表面质量应符合以下规定：

合格：表面平整、洁净，光滑，不露钉帽，套割电气盒盖位置准确，套割整齐。

优良：表面平整、洁净，拼缝严密顺平，光滑，不露钉帽，无返锈、麻点和锤印，套割电气盒盖位置边缘整齐，套割方正。

②罩面板接缝的质量应符合以下规定：

A. 纸面石膏板：

合格：接缝均匀、顺直，位于龙骨上；自攻钉间距符合有关标准规定。

优良：接缝均匀，顺直，宽窄一致，位于龙骨上；自攻钉间距符合有关标准规定。

B. 胶合板：

合格：接头位于龙骨上，明缝或压条的宽、厚、深度基本一致，与龙骨接合严密。

优良：接头位于龙骨上，明缝或压条的宽、厚、深度一致、平直，与龙骨接合严密。

③隔墙内填充材料应符合以下规定：

合格：用料干燥，铺设厚度均匀，填充密实，接头无空隙。

优良：用料干燥，铺设厚度符合要求，均匀一致，填充密实，接头无空隙，无下坠。

④隔墙防潮层涂刷应符合以下要求：

合格：涂刷均匀，无流淌，无露底。

优良：涂刷厚度均匀一致，无流淌，无露底。

> Allgo5专家提供检验方法：观察、尺量检查。

4．高级抹灰墙面

适用于石灰砂浆、水泥砂浆、混合砂浆、聚合物水泥砂浆、膨胀珍珠岩水泥砂浆、纸筋、麻刀灰及石膏灰等高级抹灰工程。

检查数量：观感普查，允许偏差项目随机抽查总量的20%。柱群，除纵横向做贯通检查外，柱体逐根检查。

(1) 应达标准

抹灰基底工程需符合本标准有关规定。

柱群中各柱位置正确，纵、横成行，在同一直线上。

> Allgo5专家提供检验方法：观察、尺量检查。

(2) 审核标准

①抹灰表面应符合以下规定：

合格：表面光滑、洁净，颜色均匀，无明显抹纹；线角和灰线平直方正。

优良：表面光滑、洁净，颜色均匀，无抹纹；线角和灰线平直方正，清晰美观。

②孔洞、槽、盒和管道后面的抹灰表面应符合以下规定：

合格：尺寸正确，边缘整齐，管道后面平顺。

优良：尺寸正确，边缘整齐，光滑、方正，管道后面平整、光滑。

③护角和门窗框与墙体间缝隙的填充质量应符合以下规定：

合格：护角用料和高度符合现行施工规范规定，表面平顺。门窗框与墙体间缝隙填塞密实。优良：护角用料和高度符合施工规范规定。门窗框与墙体间缝隙填塞密实，表面平顺光滑。

④分格缝（条）的质量应符合以下规定：

合格：宽度、深度均匀一致，棱角整齐，横平竖直。

优良：宽度、深度一致，平整光滑，棱角整齐，横平竖直。

> Allgo5专家提供检验方法：观察、手摸，用小锤轻击和用尺量检查。

5. 石材饰面

适用于以天然石、人造石和锦砖、釉面砖作室内、外墙面面层的工程。

检查数量：观感普查，允许偏差项目随机抽查总量的20%，且不少于三处。对于柱群，除纵向与横向作贯通检查外，柱体逐根检查。

（1）应达标准

①饰面板（砖）的品种、级别、规格、形状、平整度、几何尺寸、光洁度、颜色和图案必须符合设计要求。

②面层与基底镶贴牢固，粘结强度必须符合国家现行有关标准规定，以水泥为主要粘结材料的严禁空鼓，不得有歪斜、缺棱掉角和裂缝等缺陷。

注：单块板边角有局部空鼓、每间不超过抽查总数5%者可不计。

③粘贴用料、干挂配件必须符合设计要求，碳钢配件需做防锈处理。

> Allgo5专家提供检验方法：观察，用小锤轻击检查，检查产品合格证书。

（2）审核标准

①块材饰面表面质量应符合以下规定：

A．面砖：

合格：表面平整、洁净；色泽协调一致；非整砖部位安排适宜。

优良：表面平整、洁净；色泽一致；非整砖部位安排适宜，阴角的板（块）压向正确。阳角成45°对接。

B. 天然石材：

合格：表面平整、洁净；颜色过渡自然，无明显色差，纹理清晰，非整板部位安排适宜。

优良：表面平整、洁净；拼花正确，纹理清晰通顺，颜色均匀一致；非整板部位安排适宜，阴阳角处的板压向正确。

②饰面板（砖）接缝应符合以下规定：

合格：接缝填嵌密实、宽窄一致，纵横向无明显错台错位。

优良：密缝石材无明显缝隙，缝线平直，填擦密实，无错台错位。

③突出物周围的板（砖）套割质量应符合以下规定：

合格：套割尺寸准确，边缘吻合，墙裙、贴脸等上口平顺。

优良：采用整板套割，尺寸准确，边缘吻合整齐、平顺，墙裙、贴脸等上口平直。

④滴水线应符合以下规定：

合格：滴水线顺直。

优良：滴水线顺直，流水坡向正确，清晰美观。

> Allgo5专家提供检验方法：观察、拉线检查。

6. 金属饰面

适用于金属饰面板（不锈钢、铝合金和压型钢板）、墙、柱的装饰工程。

检查数量：观感普查，允许偏差项目随机抽查总量的20%。

(1) 应达标准

金属饰面板和安装辅料的品种、规格、质量、形状、颜色、花形和线条等，必须符合设计要求。

> Allgo5专家提供检验方法：检查产品合格证书和现场材料验收记录。
> 饰面板安装必须牢固，接缝严密、平直，宽窄和深度一致，不得有透缝。

(2) 审核标准

①金属饰面板表面质量应符合以下规定：

合格：表面平整、洁净、色泽均匀，无划痕、麻点、凹坑、翘曲。收口条割角整齐，搭接严密。

优良：表面平整、洁净、美观、色泽一致，无划痕、麻点、凹坑、翘曲；褶皱、无波形折光，收口条割角整齐，搭接严密无缝隙。

> Allgo5专家提供检验方法：观察检查。

②金属饰面板接头接缝应符合以下规定：

A. 条形板：

合格：接头平整，接头位置相互错开，无明显缝隙和错台错位。接缝平直，宽窄均匀。

优良：接头平整，接头位置相互错开，严密无缝隙和错台错位，接缝平直宽窄一致，板与收口条搭接严密。

B. 方块板：

合格：接缝平整，无明显错台错位，缝隙宽窄均匀。

优良：接缝平整，无错台错位，横竖向顺直，缝宽窄一致，板与收口条搭接严密。

C. 柱面、外墙面、窗台、窗套：

合格：剪裁尺寸准确，边角、线角、套口等突出件接缝平直，嵌缝胶密实、光滑，宽窄均匀，直线内无明显接头，防水处理有效，无渗漏。

优良：剪裁尺寸准确，边角、线角、套口等突出件接缝平直整齐，嵌缝胶密实，光滑美观，宽窄一致，直线内无接头，防水处理有效，无渗漏。

D. 温度缝：

合格：搭接平整，无明显错台错位，外观严密，伸缩无障碍。

优良：搭接平整，顺直、光滑，无错台错位，外观严密，伸缩无障碍。

E. 金属板与电气盒盖交接处应符合以下规定：

合格：交接严密、套割尺寸正确，边缘整齐。

优良：交接严密，无缝隙，套割尺寸正确，边缘整齐、方正。

> Allgo5专家提供检验方法：观察、手扳检查。

7. 裱糊饰面

本节适用于塑料壁纸、复合壁纸、植物壁纸、玻纤壁纸、墙布、锦缎等裱糊工程。

检查数量：观感普查，允许偏差项目随机抽查总量的20%。

(1) 应达标准

面层材料和辅助材料的品种、级别、性能、规格、花色必须符合设计、产品技术标准与现行施工验收规范的要求。并符合建筑内装修设计防火有关规定。

面层裱贴必须牢固，不得有空鼓、翘边、皱褶。

> Allgo5专家提供检验方法：检查产品证书和现场材料验收记录，观察检查。

(2) 审核标准

①裱糊饰面质量应符合以下规定：

合格：色泽一致，无斑污，正视无胶痕。

优良：色泽一致，无斑污，正斜视无胶痕，无明显压痕。

②拼接符合以下规定：

合格：横平竖直，图案端正，拼缝处图案花纹吻合，阳角处无接缝，距墙1.5m正视不显拼缝。边缘整齐，无毛边。

优良：横平竖直，图案端正，拼缝处图案花纹吻合，距墙1m处正视不显拼缝，阴角处搭接顺光，阳角无接缝，角度方正，边缘整齐无毛边。

③裱糊与挂镜线、贴脸板、踢脚板、电气槽盒等交接处应符合以下规定：

合格：交接严密，无漏贴、补贴，不糊盖需拆卸的活动件。

优良：交接严密，无缝隙，无漏贴和补贴，不糊盖需拆卸的活动件，活动件四周及挂镜线、贴脸板、踢脚板等处边缘切割整齐、顺直、无毛边。

④玻纤壁纸、无纺布及锦缎裱糊应符合以下规定：

合格：表面平整、拼花正确，无胶痕、刮痕，图案完整，面层无飘浮，经纬线顺直。

优良：表面平整挺秀，拼花正确，无胶痕、刮痕，图案完整，连续对称，无色差、无胶痕、无刮痕，面层无飘浮，经纬线顺直。

> Allgo5专家提供检验方法：观察检查。

8. 软包饰面

适用于室内各类软包墙面装饰工程，如锦缎、皮革等面料。

检查数量：观感普查，允许偏差项目随机抽查总量的20%。

(1) 应达标准

①软包墙面木框或底板所用材料的树种、等级、规格、含水率和防腐处理必须符合设计要求。

②软包面料及其他填充材料必须符合设计要求。并符合建筑内装修设计防火有关规定。

③软包木框构造做法必须符合设计要求，钉粘严密、镶嵌牢固。

> Allgo5专家提供检验方法：观察和手扳检查。

(2) 审核标准

①软包饰面表面应符合以下规定：

合格：表面面料平整，经纬线顺直，色泽一致，无污染，压条无明显错台错位。

优良：表面面料平整，经纬线顺直，色泽一致，无污染，压条无错台错位。同一房间同种面料花纹图案位置相同。

②各幅拼接应符合以下规定：

合格：单元尺寸正确，松紧适度，棱角方正，周边平顺，填充饱满、平整，无皱折，无污染，接缝严密，图案拼花端正完整。

优良：单元尺寸正确，松紧适度，面层挺秀，棱角方正，周边弧度一致，填充饱满，平整，无皱折，无污染，接缝严密，图案拼花端正，完整、连续、对称。

③软包饰面与挂镜线、贴脸板、踢脚板、电气盒盖等交接处应符合以下规定：

合格：交接紧密、电气盒盖开洞处套割尺寸正确、边缘整齐。

优良：交接严密、顺直、无缝隙、无毛边。电气盒盖开洞尺寸套割正确，边缘整齐、方正。

> Allgo5专家提供检验方法：观察检查。

9. 玻璃幕墙

适用于现场组装式玻璃幕墙工程。

检查数量：构件每一品种不得少于10%（最小3件）抽检，其中有一件不合格的，加倍抽查，如仍有一件以上不合格，则全部判为不合格，全部返工，自检、复检合格后方可安装。

幕墙安装完毕后，在一次工程的全面积上任意抽检三处，如有一处不合格时加倍抽检，其中不合格项次达20%，就全部返修，复检合格后方可交付使用。

(1) 应达标准

玻璃幕墙所用的玻璃、骨架、连接件、密封条、胶、防火保温材料和封闭端面金属板材的品种、级别、规格、颜色必须符合设计要求和产品标准的规定。

如用碳钢骨架和连接件，必须作防锈处理，其质量应符合设计与现行技术标准的规定。

如设计对型钢骨架的挠度、连接件的拉拔力等有测试要求，其测试数据必须满足设计要求。骨架必须与原结构连接牢固，无松动，预埋件尺寸、焊缝的长度、高度和焊条型号应符合设计规定。

主体结构及其预埋件的垂直度、平整度与预留洞均应符合规范或设计要求，其误差在连接件可调范围内。

> Allgo5专家提供检验方法：观察、尺量检查和手扳检查，检查产品合格证书。

(2) 审核标准

①玻璃幕墙表面质量应符合以下规定：

A. 金属骨架：

合格：表面无明显色差，洁净、无污染，无麻点、凹坑、划痕，拼接缝严密、平整、横竖缝贯通，无明显错台错位。连接幕墙与主体结构的连接件在三个方向的安装允许偏差为±1mm。

优良：色泽一致，表面洁净，无污染，无麻点、凹坑、划痕，拼接缝严密，平整、横平竖直，无错台错位。连接幕墙与主体结构的连接件三个方向的安装允许偏差为±1mm。

B. 玻璃：

合格：玻璃安装朝向正确，表面洁净、平整、无翘曲，无污染，反映外界影像无畸变。四边打磨光滑，无缺口，膜面无划痕；无明显色差，外观质量和性能符合国家现行有关标准规定。

优良：玻璃安装朝向正确，表面洁净、平整、无翘曲、无污染，玻璃颜色一致，膜面层完好，反映外界影像无畸变。四边45°角打磨光滑，线条交圈，外观晶莹美观，外观质量和性能符合国家现行有关标准和规定。

C. 压条及玻璃胶：

合格：压条扣板平直，对口严密，安装牢固。密封条安装嵌塞严密，使用密封膏的部位必须干净，与被密封物粘结牢固，外表顺直，无明显错台错位，光滑，胶缝以外无污渍。

优良：压条扣板平直，对口精密，安装牢固，整齐划一，密封条安装嵌塞严密，使用密封膏的部位必须干净，与被密封物粘结牢固，外表顺直，无错台错位，光滑、严密、美观，胶缝以外无污渍。

> Allgo5 专家提供检验方法：观察、尺量检查。

②防火保温填充材料应符合以下规定：
合格：用料干燥，铺设厚度符合要求，接头无空隙。
优良：用料干燥，铺设厚度符合要求，均匀一致，无遗漏，铺贴牢固不下坠。

③玻璃幕墙收口、压条应符合以下规定：
合格：收口严密，压条顺直，无明显错台错位，坡度正确，排水孔畅通。
优良：收口严密无缝，压条顺直，无错台错位，坡度准确，排水孔畅通。

> Allgo5 专家提供检验方法：观察、尺量检查。

10．隐框玻璃幕墙

适合于组装式隐框玻璃幕墙。

检查数量：观感普查，实测项目按抽查总数的20%。

（1）合格证项目

①隐框玻璃幕墙用铝合金型材，其规格、型号必须符合设计要求及国家有关标准要求。

②隐框玻璃幕墙用的结构胶、耐候胶必须与相粘结和接触部位的材料相容；结构胶必须是在贮存保质期内。

③隐框玻璃幕墙用的玻璃品种、颜色必须符合设计要求，质量应符合国家现行有关标准。镀膜玻璃的镀膜层，其附着力与寿命必须可靠，安装时镀膜层必须在室内一侧。使用其他特种玻璃，其安装朝向不能有误。

④隐框玻璃幕墙使用的金属件，其中与铝合金构件接触的紧固件必须为不锈钢件，其余均应进行防锈处理，用螺栓、自攻钉连接的部位，应加有机耐热耐磨垫片。不同材质的金属材料之间应有防化学腐蚀的措施。

⑤隐框玻璃幕墙墙体使用的密封条、胶条、防火保温材料和封闭端金属板的品种、级别、规格、色彩及其化学物理性能必须符合设计要求和国家现行有关标准的规定。

⑥隐框玻璃墙与结构的连接固定，必须采取预埋铁件的方法，埋件加工制作材料的规格、型号、尺寸、焊接必须符合设计要求。

构件连接必须牢固，各构件连接缝必须进行可靠的密封处理。

⑦隐框玻璃墙结构胶必须充满空腔，粘结牢固，且胶缝平整、光滑、内无气泡。胶缝在固化前，须采取有效措施防止变形，不得随意移动。胶缝以外不得有胶污渍。

> Allgo5专家提供检验方法：观察、手摸检查。

（2）审核标准

隐框玻璃幕墙表面质量应符合下列规定：

①骨架

合格：骨架型材外露部分氧化膜或镀层颜色基本一致，无砸压变形，表面洁净，无毛刺、油斑或其他污垢，拼缝严密。

优良：骨架型材颜色一致，无砸压变形，表面洁净，无污染，拼接严密平整，接口平滑。

②玻璃

合格：表面平整，无翘曲、无裂纹、无划痕，反映外界影像无畸变，线条交圈。

优良：表面平整，无翘曲、无裂纹、无划痕，颜色一致，反映外界影像无畸变，线条交圈，平直吻合，外观晶莹美观。

③封耐候胶缝

合格：横竖缝宽窄均匀，无明显错台错位。耐候胶与玻璃、铝材粘结牢固，胶缝表面平整。玻璃表面清洁，无污物。

优良：横竖缝的大小、宽窄一致，无错台错位。耐候胶与玻璃、铝材粘结牢固，胶缝表面平整、光滑、深浅一致，玻璃表面洁净。

> Allgo5专家提供检验方法：观察、尺量检查。

11．木制护墙

适用于各种木夹板、实木护墙板和拼花护墙板工程。

检查数量：观感普查，允许偏差项目随机抽查总量的20％。

（1）应达标准

木材的品种、等级、质量和骨架含水率必须符合的有关规定。并应符合建筑内装修防火设计有关规定。

> Allgo5专家提供检验方法：观察，检查产品合格证书和含水率测试报告。木护墙板制作尺寸正确，安装必须牢固。

（2）审核标准

①木制护墙表面质量应符合以下规定：

合格：表面平整、光滑。胶合板花纹、颜色均匀，无开裂、无污斑，不露钉帽，无锤印。

优良：表面平整、光滑，同房间胶合板的花纹、颜色一致，无裂纹、无污染，不露钉帽，无锤印，分格缝均匀一致。

②木板拼接应符合以下规定：

合格：木板拼接位置正确，接缝平整，光滑、顺直、嵌合严密，割向整齐，拐角方正；拼花木护墙的木纹拼花正确，纹理通顺、花纹吻合。

优良：木板拼接位置正确，接缝平整，光滑、顺直、嵌合严密，割向整齐，拐角方正；拼花木护墙的木纹拼花正确，纹理通顺，花纹吻合、对称，同一房间花纹、位置相同一致。

③木护墙与贴脸、踢脚板、电气盒盖等交接处应符合以下规定：

合格：交接紧密，电气盒盖处开洞位置正确，套割边缘整齐。

优良：交接严密、顺直，无缝隙，电气盒盖处开洞位置大小准确，套割边缘整齐、方正。

④木护墙的装饰线，分格缝应符合以下规定：

合格：装饰线棱角清晰、顺直、光滑，无开裂，颜色均匀。

安装位置正确，拐角方正，割向整齐，拼缝严密，分格缝大小、深浅一致，顺直。

优良：装饰线棱角清晰，顺直、光滑，无裂纹，颜色一致。

安装位置正确、拐角方正、交圈、割向整齐，拼缝严密，分格缝大小、深浅一致，出墙厚度一致，缝的边缘顺直，无毛边。

> Allgo5专家提供检验方法：观察、尺量检查。

■ **Allgo5 专家提示：**

护墙基层：护墙板有平板式和凹凸式。做法是先在墙面上刷一层冷底子油，然后安装 30mm×40mm 木龙骨，在此基础上钉多层板或细木工板，最后钉饰面夹板。为防止发霉，在护墙板上部开一系列直径为 6mm 的通气孔。

12. 地面基底工程

适用于木板、拼花木板、塑胶类板块和卷材、地毯、花岗岩石板、大理石板、碎拼大理石和高级水磨石为面层的基底工程。

应达标准：

（1）基底表面必须平整，四角方正。有地漏和供排除液体的基底，其坡度应满足排液要求。

（2）基底构造层（保温层、防水层、防潮层、找平层、结合层）的材质、强度、密实度必须符合设计要求和施工规范的规定。

（3）基底的防水层与基体、地漏、预埋管道处要结合严密，严禁渗漏。

（4）铺设地毯或其他粘贴面层的基底表面必须平整、光滑、干燥、密实，洁净。不得有裂纹、脱皮和起砂。

（5）铺设木制地板面层的基底所选用的木龙骨、毛地板和垫木安装必须牢固平直，铺设方式和固定方法必须符合设计要求和施工规范规定。

> Allgo5 专家提供检验方法：观察、泼水、尺量、蓄水试验检查。

■ **Allgo5 专家提示：**

地板基层：实木地板基层有两种做法：一种是在水泥楼板上刷冷底子油一遍，铺设木龙骨，最后钉地板；另一种方法是在龙骨上先铺一层细木工板，或者是毛地板，然后钉地板，采用这种方法，地板受力均匀，结构牢固。复合地板安装方便，基层也有两种做法：一种先做找平层，然后铺设 PVC 垫层，之后铺设复合地板；另一种是在水泥找平上，铺设木龙骨和毛地板，再铺复合地板。

根据北京市《电气工程安装标准》，适宜民宅中的技术参数如下：

（1）导线的选配

一般地讲，10mm^2 以下的铝质导线，可按通过 5 倍的电流量计算。如 1mm^2

的铝导线约可通过5A的电流。值得注意的是，由于导线是穿管暗埋以及夏季室温常常会超过25℃，所以实际应按72%打折，安全的估算约为3.5A，即用电电器的瓦数之和不可超过800W。当选用铜质导线时可不考虑损耗打折的问题，但铜、铝线不可混用，最好一步到位选用合格的铜质导线。施工时要使用三种不同颜色外皮的塑质铜芯导线，以便区分火线、零线和接地保护线，切不可图省事用一种或两种颜色的电线完成整个工程。

(2) 插座的安装

①明装插座距地面应不低于1.8m。②暗装插座距地面不低于0.3m，为防止儿童触电，避免其用手指触摸或用金属物插捅电源的孔眼，一定要选用带有保险挡片的安全插座。③单相二眼插座的施工接线要求是：当孔眼横排列时为"左零右火"；竖排列时为"上火下零"。④单相三眼插座的接线要求是：最上端的接地孔眼一定要与接地线接牢、接实、接对，绝不能不接。余下的两孔眼按"左零右火"的规则接线，值得注意的是零线与保护接地线切不可错接或接为一体。⑤电冰箱应使用独立的、带有保护接地的三眼插座。严禁自做接地线接于煤气管道上，以免发生严重的火灾事故。⑥为保证家人的绝对安全，抽油烟机的插座也要使用三眼插座，对接地孔的保护绝不可掉以轻心。⑦卫生间常用来洗澡冲凉，易潮湿，不宜安装普通型插座。

(3) 开关的装配

明开关（拉线开关）在装修工程中多被淘汰，暗装开关安装要求距地面1.2~1.4m，距门框水平距离150~200mm。开关的位置与灯位要相对应，同一室内的开关高度应一致。卫生间应选用防水型开关，确保人身安全。

(4) 灯具

吸顶式日光灯、射灯的安装要考虑到通风散热（如整流器）防火安全事宜。凡胶木灯口不可装100W以上的灯泡，白炽灯的灯口接线应把相线即火线接在灯口芯上。

另外当吊灯灯具的重量超过1kg时，要采用金属链吊装，且导线不可受力。

(5) 电表、漏电保护器的接线

一般家庭选用5A的电度表足以够用。安装漏电保护器要绝对正确，诸如输入端、相线、零线不可接反。应注意的是：刀闸或磁保险万万不能舍去（安装磁卡电表的用户已规范，此项可略之）。

(6) 强、弱电穿管走线要分开

一定要穿管走线，切不可在墙上或地下开槽后明铺电线之后，用水泥糊死了事，给以后的故障检修带来"麻烦"。另外，穿管走线时电视馈线和电话线应与电力线分开，以免发生漏电伤人毁物甚至着火的事故。

最终验收

地面工程验收

地面工程验收主要包括：木地板、塑胶类地面、地毯、密缝石块材料地面、整体地面、楼梯踏步饰面等，地面装修的好与坏直接影响着装修的整体效果和档次，所以对地面工程的验收也是非常必要的。下面 Allgo5 专家将分门别类地讲述如何对地面工程进行验收。

1．木地板

（1）应达标准

木材材质的品种、规格、等级、质量和铺设时的含水率应符合有关规定。各种木质板面层与基层铺钉必须牢固无松动（或粘结牢固），粘贴使用的胶必须符合设计要求。

> Allgo5 专家提供检验方法：检查测定记录，观察，脚踩或用小锤轻击检查，并检查胶的品种及合格证书。

注：空鼓面积不大于单块板面的 1/8，且每间不超过抽查总数的 5% 者，可不计。

（2）审核标准

①木质面层表面质量应符合下列规定：

合格：木质板面应平整光滑、无刨痕、戗槎和毛刺，图纹清晰，油膜面层颜色均匀。

优良：木质板面应平整光滑、无刨痕、戗槎和毛刺，图纹清晰美观，油膜面层颜色均匀。

②木质板面层接缝的质量应符合下列规定：

A．木板面层：

合格：缝隙严密，接头位置错开，表面洁净。

优良：缝隙严密，接头位置错开，表面洁净，拼缝平直方正。

B. 拼花木板面层：

合格：接缝严密，粘钉牢固，表面洁净，粘结无明显溢胶。

优良：接缝严密，粘钉牢固，表面洁净，粘结无溢胶，板块排列合理美观，镶边宽度周边一致。

③踢脚线的钱铺设质量应符合下列规定：

合格：接缝严密，表面光滑，高度、出墙厚度一致。

优良：接缝严密，表面平整光滑，高度、出墙厚度一致，接缝排列合理美观，上口平直，割角准确。

④木地板打蜡质量必须符合下列规定：

合格：木地板烫硬蜡、擦软蜡，蜡洒布均匀不露底，色泽一致，表面洁净。

优良：木地板烫硬蜡、擦软蜡，蜡洒布均匀不花不露底，光滑明亮，色泽一致，厚薄均匀，木纹清晰，表面洁净。

> Allgo5 专家提供检验方法：观察、手摸和脚踩检查。

■ Allgo5 专家提示：

地板装修在家装环节中是十分重要的部分。特别是实木地板装的好坏关系到房间整体效果和档次。而冬季是一年中最干燥的时候，气温也低，有人认为这会影响到实木地板施工的质量。专家提示，地板装修质量关键在前期施工。只要施工得当，冬季安装的地板能长期保证不开裂、不变形。

冬季实木地板的安装因为面临干燥的特点，会在安装施工期间接受"严峻"的考验，在30~60d的施工期内，地板潜在的干裂、变形等问题都会暴露出来。冬季铺设地板时，特别注意要留出适当的施工缝隙，地板四周应有2mm左右的伸缩缝，否则易在今后发生起鼓、悬空现象。比较好的地板销售商还提供地板安装服务，他们的安装比较专业，不妨请他们来铺设地板。如果您让自己的施工队安装地板，一定要让销售者详细提供您所选购地板的详细的安装技术标准和要求。实木地板安装后必须在三天内进行验收。一般消费者也无法进行非常精确的测量，但表面洁净、平整、铺设牢固、不松动、行走时基本无响声等这些基本要求必须达到。否则日久天长，地板肯定会产生问题。

2. 塑胶类地面

（1）应达标准

塑胶类板块和卷材板的品种、规格、颜色、等级必须符合设计要求和国家现行有关标准规定，面料与粘接料应配套。

面层与基层采用粘接法施工。粘结必须牢固，不翘边，不脱胶，粘接无溢胶。

> Allgo5专家提供检验方法：观察、手摸和脚踩检查。

（2）审核标准

①塑胶类地面的面层质量应符合以下规定：

合格：表面洁净，图案清晰，色泽一致，接缝严密，周边顺直、无胶痕，与墙边交接严密。

优良：表面洁净，图案清晰，色泽一致，接缝严密顺直美观，拼缝处的图案、花纹吻合，无胶痕，与墙边交接严密，阴阳角收边方正。

②踢脚线的铺设质量应符合以下规定：

合格：表面洁净，粘接牢固，接缝平整，出墙厚度一致。

优良：表面洁净，粘接牢固，接缝平整，出墙厚度一致，上口平直。

③地面镶边的质量应符合以下规定：

合格：用料尺寸准确，边角整齐，拼接严密。

优良：用料尺寸准确，边角整齐，拼接严密，接缝顺直。

> Allgo5专家提供检验方法：观察、手摸检查。

3. 地毯

（1）应达标准

地毯的品种、规格、质量、胶料及辅料应符合设计要求。

铺地毯的基底工程必须符合标准。

（2）审核标准

①地毯面层表面质量应符合以下规定：

合格：地毯固定牢固，毯面平挺不起鼓，不起皱，不翘边，拼缝处对花对线拼接密实平整，不显露拼缝，绒面毛顺光一致；收边合理，表面干净，无油污染物。

优良：地毯固定牢固，毯面平挺不起鼓，不起皱，不翘边，拼缝处对花对线拼接吻合密实平整，不显露拼缝，绒面毛顺光一致；异形房间花纹顺直端正，裁割合理，收边平正，无毛边。

②地毯同其他地面交接处和收口质量应符合下列规定：

合格：地毯同其他地面交接处和收口应顺直，压紧、压实。

优良：地毯同其他地面交接处和收口顺直，压紧、压实，接口处相邻部位地面要齐平，脚感舒适。

> Allgo5 专家提供检验方法：观察、手摸检查。

4．密缝石块材地面

适用于磨光大理石板、磨光花岗岩板等板块地面工程。

(1) 应达标准

面层所用板块的品种、规格、级别、形状、光洁度、颜色和图案必须符合设计要求。面层与基层必须结合牢固、无空鼓。

> Allgo5 专家提供检验方法：观察检查，用小锤轻击检查。

注：单块板块边角有局部空鼓，且不超过抽查总数的5%者，可不计。

(2) 审核标准

①板块面层表面的质量应符合以下规定：

合格：板块挤靠严密，无错缝，表面平整洁净，图案清晰，周边顺直。

优良：板块挤靠严密，无缝隙，缝痕通直无错缝，表面平整洁净，图案清晰，无磨划痕，周边顺直方正。

②板块镶贴的质量应符合以下规定：

合格：任何一处独立空间的石板颜色应一致，无明显色差，花纹近似；石板缝痕与石板颜色接近，擦缝饱满、平整洁净。

优良：任何一处独立空间的石板颜色应一致，花纹通顺基本一致；石板缝痕与石板颜色一致，擦缝饱满与石板齐平、洁净、美观。

③踢脚板铺设的质量应符合以下规定：

合格：踢脚板接缝严密，表面洁净，出墙高度、厚度一致，结合牢固。

优良：踢脚板排列有序，挤靠严密，不显缝隙，表面洁净，颜色一致，结合牢固，出墙高度、厚度一致，上口平直。

④地面镶边铺设质量应符合以下规定：

合格：用料尺寸准确，边角整齐，拼接严密。

优良：用料尺寸准确，边角整齐，拼接严密，接缝顺直。

⑤大理石花岗岩地面上蜡质量应符合以下规定：

合格：大理石花岗岩地面烫硬蜡、擦软蜡，蜡洒布均匀不露底，色泽一致，表面洁净。

优良：大理石花岗岩地面烫硬蜡、擦软蜡，蜡洒布均匀不露底，色泽一致，厚薄均匀，图纹清晰，表面洁净。

> Allgo5专家提供检验方法：观察、尺量，用小锤轻击检查。

5．整体地面

适用于现制高级水磨石和碎拼大理石工程。

（1）应达标准

各种面层的材质，强度（配合比）和密实度应符合设计要求和施工规范的规定。

面层与基层结合牢固无空鼓。

> Allgo5专家提供检验方法：用小锤轻击检查。

（2）审核标准

①地面面层表面的质量应符合以下规定：

A．高级水磨石面层：

合格：表面平整洁净，无裂纹、砂眼和磨纹，石粒密实，显露均匀，彩色图案一致，不混色；分格条牢固，顺直清晰。

优良：表面平整光洁，无裂纹、砂眼和磨纹，石粒密实显露均匀一致；彩色图案一致，相邻颜色不混色，分格条牢固，顺直清晰，阴阳角收边方正。

B．碎拼大理石：

合格：颜色协调，间隙适宜，磨光一致，无裂缝，表面平整洁净。

优良：颜色协调，间隙适宜美观。磨光一致，无裂缝和磨纹，表面平整光洁。

②踢脚板铺设质量应符合以下规定：

合格：与墙面结合牢固，出墙厚度均匀，上口平直。

优良：表面平整光洁，与墙面结合牢固，出墙厚度一致，上口平直。

③地面镶边质量应符合以下规定：

合格：拼接严密，相邻处不混色，分色线顺直，边角齐整。

优良：尺寸正确，拼接严密，相邻处不混色，分色线顺直，边角齐整光滑、清晰美观。

④现制高级水磨石、碎拼大理石地面打蜡质量必须符合以下规定：

合格：现制地面烫硬蜡、擦软蜡，蜡洒布均匀不露底，色泽一致，表面洁净。

优良：现制地面烫硬蜡、擦软蜡，蜡洒布均匀不露底，色泽一致，厚薄均匀，图纹清晰，表面洁净。

> Allgo5专家提供检验方法：观察、尺量，用小锤轻击检查。

6. 楼梯踏步饰面

适用于各种花岗岩、大理石、水磨石楼梯踏步饰面板的镶贴装饰工程。

检查数量：每层梯段为一处，每处抽查不少于3个检查点。

圆形转梯吊线检查，每一自然层为一处，每处不少于3个检查点。

(1) 应达标准

花岗岩、大理石、水磨石产品的品种、规格、形状、颜色、纹理和质量应符合设计要求。

> Allgo5专家提供检验方法：观察，检查产品合格证明书。

(2) 审核标准

①板块表面质量应符合以下规定：

合格：表面平整，光滑明亮，图案清晰，色泽一致，无裂纹。

优良：表面平整洁净，光滑明亮，图案清晰，色泽一致，周边顺直，踏步板外露面的板材厚度一致，小面和平面光洁度一致。

②踏步和台阶铺贴的质量应符合以下规定：

合格：铺贴位置正确，缝隙严密，踏步高度一致。防滑条位置准确平直，排列均匀，镶嵌牢固。

优良：铺贴位置正确，缝隙严密，缝隙通直，无错缝。板材缝痕与石板颜色一致，擦缝饱满，平整洁净，防滑条位置准确平直，排列均匀整齐，凸出板面高度一致，美观，镶嵌牢固。

③花岗岩、大理石、水磨石板块打蜡质量应符合以下规定：

合格：花岗岩、大理石、水磨石烫硬蜡、擦软蜡，蜡洒布均匀不露底，色泽一致，表面洁净。

优良：花岗岩、大理石、水磨石烫硬蜡、擦软蜡，蜡洒布均匀不露底，色泽一致，厚薄均匀，图纹清晰，表面洁净。

> Allgo5专家提供检验方法：观察，用脚着力趟扫，脚感舒适。

工程涂饰

涂饰工程是相当有讲究的，如果涂料涂的不均匀、涂的次数不够或是漏涂，都将会影响装修的效果、档次。这里Allgo5专家会针对工程涂饰这一块，为您做详细的指导。

1. 普通喷涂

适用于室内外各种乳液型涂料、溶剂型涂料（包括油性涂料）、清漆和美术涂饰等涂饰工程。

（1）应达标准

①工程涂饰所用的半成品的品名、等级、种类、颜色、性能等必须符合设计或选定样品的要求（应附有使用说明书）。

②工程涂饰基底，必须符合本标准的有关规定。

③美术涂饰的图案、颜色和所用材料的品种、等级必须符合设计样品的要求，底层涂饰的质量应符合相应等级的有关规定。

④喷涂的涂膜厚度应均匀，颜色一致，喷点、喷花的突出点要手感适宜，不掉粒。喷涂接茬应留在分格缝处，且无明显色差；无分格缝时，接茬不得有搭接痕迹，喷涂表面清洁无污染。

> Allgo5专家提供检验方法：观察、手摸检查、检查产品合格证书。

（2）审核标准

①施涂薄涂料工程表面的质量应符合表1的规定。

薄涂料工程质量检验项目 表1

项次	项 目	质 量 标 准		检 验 方 法
1	掉粉、起皮	不允许		观察、手摸检查
2	返碱、咬色	不允许		观察检查
3	漏刷、透底	合格	无明显透底	观察检查
		优良	不允许	
4	流坠、疙瘩	合格	明显处无流坠、疙瘩	观察、手摸检查
		优良	无	
5	颜色、刷纹	合格	颜色一致，砂眼、刷纹不明显	观察检查
		优良	颜色一致，无砂眼、刷纹	
6	装饰线分色线平直	合格	偏差不大于2mm	拉5m线（不足5m拉通线）用尺量检查
		优良	偏差不大于1mm	
7	门窗、玻璃灯具等	合格	门窗洁净，玻璃、灯具基本洁净	观察检查
		优良	全部洁净	

②厚涂料工程表面的质量应符合表2的规定。

厚涂料工程质量检验项目 表2

项次	项 目	质 量 标 准		检验方法
1	返碱、咬色起皮	合格	明显处无，其余不明显	观察检查
		优良	无	
2	漏涂、透底	合格	明显处无	观察检查
		优良	无	
3	颜色、点状分布	合格	颜色一致，1.5m处正视，喷点均匀，刷纹通顺	观察检查
		优良	颜色一致，1m处正视，喷点均匀，刷纹通顺	
4	门窗、玻璃灯具等	合格	门窗洁净，玻璃、灯具等基本洁净	观察检查
		优良	全洁净	

③施涂复层涂料工程表面的质量应符合表3的规定。

复层涂料工程质量检验项目 表3

项次	项目	合成树脂乳液复层涂料	硅溶液类复层涂料	反应固化型复层涂料	检验方法
1	掉粉、起皮		不允许		观察、手摸检查
2	返碱、咬色	合格	明显处无咬色，其余无		观察检查
		优良	无		
3	漏涂、透底	合格	明显处无		观察检查
		优良	无		
4	喷点、疏密、程度	合格	疏密均匀，1.5m处正视，喷点均匀，不允许连片		观察检查
		优良	疏密均匀，1m处正、斜视，喷点均匀，不允许连片		
5	颜色	合格	明显处颜色一致，不明显处基本一致		观察检查
		优良	颜色一致		
6	门窗、玻璃灯具等	合格	门窗洁净，玻璃、灯具等基本洁净		观察检查
		优良	洁净		

④溶剂型混色涂料工程表面质量应符合表4的规定。

溶剂型混色涂料工程质量检验项目 表4

项次	项目		质量标准	检验方法
1	脱皮、漏刷、返锈		不允许	观察检查
2	分色、裹棱	合格	大面无，小面允许1mm偏差	观察检查
		优良	大小面均无	
3	透底、流坠、皱皮	合格	大面无，小面明显处无	观察检查
		优良	无	
4	颜色、刷纹	合格	颜色一致，刷纹不明显	观察检查
		优良	颜色一致，无刷纹	
5	光亮，光滑	合格	光亮均匀，光滑无挡手感	观察检查
		优良	光亮足，光滑无挡手感	
6	装饰线、分色线平直	合格	偏差不大于1mm	拉5m线（不足5m拉通线）用尺量检查
		优良	平直	
7	门窗、五金、玻璃等	合格	门窗洁净，五金无污染，玻璃等基本洁净	观察检查
		优良	洁净	

⑤施涂清漆工程表面的质量应符合表5的规定。

清漆工程质量检验项目　　　　　　　　　表5

项次	项目	质量标准		检验方法
1	漏刷、脱皮、斑迹	不允许		观察检查
2	裹棱、流坠、皱皮	合格	面无,小面明显处无	观察检查
		优良	无	
3	颜色、刷纹	合格	颜色一致,刷纹大面无,小面明显处无	观察检查
		优良	颜色一致,无刷纹	
4	木纹	合格	棕眼刮平,木纹清楚	观察检查
		优良	棕眼刮平,木纹清楚	
5	光亮、光滑	合格	光亮均匀,光滑无挡手感	观察、手摸检查
		优良	光亮柔和,光滑无挡手感	
6	装饰线颜色、木纹	合格	装饰线颜色均匀,木纹清楚	观察检查
		优良	装饰线颜色均匀一致,木纹清晰,洁净无积油	
7	门窗、五金、玻璃等	合格	门窗洁净,五金无污染,玻璃等基本洁净	观察检查
		优良	全部洁净	

说明:(1)本文所说大面是指门窗固定家具关闭后的里外面。
　　　(2)小面指所施涂面除大面外视线所能见到的地方。
　　　(3)涂刷无光乳胶漆、无光漆,不检查光亮。

2.彩色喷涂

适用于室内各种彩色喷涂和滚涂装饰工程。
(1)应达标准
①彩色喷涂的材料品种、质量、色彩均符合设计要求并有产品证书,必须按产品组合配套使用。
②彩色喷涂的基底,必须符合本标准的有关规定。
(2)审核标准
彩色喷涂底层应使用专用封底漆;底漆涂层均匀,不得漏涂,表面光滑。涂膜牢固并符合表6的规定。

彩色喷涂工程质量检验项目　　　　　　　　表6

项次	项目	质量标准		检验方法
1	漏刷、脱皮、污斑	不允许		观察检查
2	流坠、皱皮	合格	大面无,小面不明显	观察检查
		优良	不允许	

工程涂饰

续表

项次	项目	质量标准		检验方法
3	颜色、花纹	合格	颜色一致,花纹基本均匀	观察检查
		优良	颜色一致,花纹均匀	
4	装饰线、分格线	合格	偏差不大于3mm	拉5m线(不足5m拉通线)用尺量检查
		优良	偏差不大于2mm	
5	五金、门窗、玻璃等	合格	门窗洁净,五金无污染,玻璃等基本无污染	观察检查
		优良	洁净,无污染	

细木制品涂饰

适用于高级装饰、细木制品涂饰工程,使用涂料范围是:聚酯、聚氨酯、丙烯酸、硝基、天然树脂漆类。

检查数量:观察普查,允许缺陷控制项目随机抽查总量的20%。

应达标准:

涂料的品种、质量、等级、颜色、性能等必须符合设计及有关标准的规定,并应附有产品使用说明书。

涂层效果必须符合样板。

涂料所用腻子的塑性、和易性应满足施工要求,并按底涂料、面涂料的性能配套选用。

稀释剂应根据涂料中成膜物质的性质配套使用。

> Allgo5专家提供检验方法:观察、检查产品性能证书。

审核标准细木制品涂饰着色质量应符合表1的规定。

细木制品涂饰着色质量检验项目表   表1

项次	项目	质量标准		检验方法
1	颜色、木纹	合格	颜色一致,木纹清楚,符合样板	观察检查
		优良	颜色一致、鲜明,木纹清晰符合样板	
2	漆污、积粉、杂渣、溅边、色花、过棱、白棱、白点、不平、色差	合格	无明显修色色差,其余均无	观察检查
		优良	无修色色差,其余均无	

续表

项次	项目	质量标准		检验方法
3	分色线、装饰线	合格	偏差不大于1mm	拉5m线，不足5m拉通线检查
		优良	平直	

涂饰面层质量应符合表2的规定。

细木涂饰面层质量检验项目　　　　表2

项次	项目	质量标准		检验方法
1	脱皮、皱皮、透底、流坠、刷纹、裹棱、漏刷、粒子	合格	小面无明显刷纹，其余全无	观察检查
		优良	全无	
2	严整、光亮、光滑、棕眼、沉陷	合格	光亮柔和，光滑无挡手感，漆干后木孔棕眼大面不得有缩孔沉陷	观察、手摸检查
		优良	平滑无挡手感，光亮柔和，漆干后木孔棕眼不得有缩孔沉陷	

细木制品涂饰品各种漆形和做法的质量应符合表3的规定。

细木制品涂饰各种漆形和做法质量检验项目　　　　表3

项次	项目	质量标准		检验方法
1	抛光面层	合格	表面涂层光亮平整，大面无涂饰缺陷，小面无明显涂饰缺陷	观察检查，手摸检查
		优良	表面涂层具有镜面般的平整和光泽，大小面无涂饰缺陷	
2	色棕眼清漆面层	合格	棕眼色点分布均匀，木纹清楚，手感光滑。颜色一致，不漏涂	观察、手摸检查
		优良	棕眼色点分布均匀，木纹清晰，手感细腻。颜色一致，不漏涂	
3	亚光清漆面层	合格	棕眼不得沉陷，木纹清楚，表面有微光，手感光滑，大面无亮斑，小面基本无亮斑	观察、手摸检查
		优良	棕眼无沉陷，木纹清晰，表面有微光，手感细腻，柔和，无亮斑	
4	明棕眼亚光面层	合格	棕眼明显，木纹清楚，表面有微光，手感光滑。无亮斑	观察、手摸检查
		优良	棕眼明显、洁净，木纹清晰，表面有微光，手感细腻。无亮斑	

玻璃工程验收

玻璃工程的验收也是终验不可缺少的一项，玻璃工程没有做好将会威胁到人们的生命。你知道在玻璃工程验收时该注意哪些项目，该如何验收吗？以下是Allgo5专家为您指导。

用于平板、吸热反射、中空、夹层、夹丝、磨砂、钢化、压花、彩印、镜面、防火玻璃的安装和空心玻璃砌体工程。

1. 应达标准

（1）玻璃和玻璃砖的品种、级别、规格、色彩、花形和物理性能必须符合设计和国家现行有关标准规定。

（2）油灰、镶嵌条、定位垫块、隔片、填充料、密封膏的品种、规格、断面尺寸、颜色、物理化学性能必须符合设计和相应的技术标准，且配套材料之间性质相容。

（3）玻璃裁割尺寸及玻璃砖外形尺寸正确，安装必须平整、牢固，朝向正确，缝隙符合设计规定。

（4）玻璃的中挂装置、支承板架就位正确，尺寸精确，安装牢固，无松动。

> Allgo5专家提供检验方法：观察、手扳、尺量检查。

2. 审核标准

（1）油灰填抹质量应符合以下要求：

合格：安装玻璃的槽口应平直、方正、牢固，油灰填抹底灰应饱满，油灰与玻璃槽口齐平，表面整洁。

优良：安装玻璃的槽口应平直、方正、牢固，油灰填抹应底灰饱满、油灰与玻璃的槽口粘结牢固，边缘与槽口齐平，灰条整齐一致，光滑、洁净、美观。

（2）固定玻璃的钉、卡应符合以下要求：

合格：固定玻璃的钉、卡的规格、安放数量应符合现行规范的规定，钉、卡安装后不得露出油灰表面。

优良：固定玻璃的钉、卡的规格、安放数量应符合现行规范的规定，钉、卡安装后油灰表面无痕迹。

（3）镶钉木压条的质量应符合以下要求：

合格：木压条尺寸一致，光滑顺直，压条与裁口紧贴，齐平，割角方正，对接整洁、不露钉帽。

优良：木压条尺寸一致，光滑顺直，压条与裁口紧贴，齐平，割角方正，对接整洁、严密，不显明缝，不显钉痕。

（4）金属框架安装玻璃的质量应符合以下要求：

金属框架安装玻璃均应作软连接处理，槽口平直，宽度一致，玻璃安放稳固。

①使用嵌缝膏封口：

合格：嵌填饱满，玻璃两侧嵌缝均匀，整齐，平滑，无污染。

优良：嵌填饱满密实，玻璃两侧嵌缝均匀一致，平直、光滑、洁净美观。

②使用压条封口：

合格：压条表面规整，顺直，割角方正，压贴紧密与槽口齐平，金属面膜洁净无损伤。

优良：压条表面规整，顺直，割角方正，压贴紧密与槽口齐平，不显明缝，金属面膜色泽一致，洁净，无损伤。

（5）使用密封膏嵌填槽口的质量应符合以下要求：

合格：密封膏与玻璃及槽口边缘应嵌填密实，粘结牢固，嵌缝饱满，横平竖直，平滑，无接头显露，无污染。

优良：密封膏与玻璃及槽口边缘应嵌填密实，粘结牢固，嵌缝饱满，横平竖直，平、凹缝形一致，光滑，无接头痕迹，无塌条，无重条，洁净美观。

（6）玻璃砖与镜面玻璃安装质量应符合以下要求：

①玻璃砖组砌：

合格：组砌正确，砖体粘接剂铺放饱满，与四周基体连接牢固，砖面排列整齐，墙面平整，肩角方正，砖缝宽深适度，嵌缝饱满，缝条平直、光滑，无污染。

优良：组砌正确，砖体粘接剂铺放饱满，与四周基体连接牢固，砖面排列整齐，墙面平整，肩角方正，砖缝宽深一致，竖缝通顺，横缝平直，嵌缝饱满、光滑，线形秀丽，洁净美观。

②镜面玻璃安装：

合格：组贴图案正确，拼接吻合，安装牢固，表面光洁平整，映入外界影像清晰、真实、无畸变。

优良：组贴图案正确，拼接吻合，边角研磨精密，无缝隙，安装牢固，表面平整，光洁无瑕，映入外界影像清晰、真实、无畸变。

（7）彩色、压花玻璃安装质量应符合以下要求：

合格：拼装图案和配色符合设计规定，组拼正确，无错位、表面平整，接缝紧密、顺直，朝向正确。

优良：拼装图案和配色符合设计规定，拼接严密吻合，无错位，表面平整，朝向正确，洁净美观。

(8) 天窗玻璃安装质量应符合以下要求：

合格：顺流水方向盖叠，玻璃搭接长度不小于以下值：当面层坡度＞1/4时，应≥30mm；当面层坡度＜1/4时，应≥50mm；玻璃表面平整，端头纵向排列顺直，盖叠段的垫层铺垫均匀，用防锈油灰封口，嵌填密实，卡体不外露。

优良：顺流水方向盖叠，玻璃搭接长度不小于以下值：当面层坡度＞1/4时，应≥30mm，当面层坡度＜1/4时，应≥50mm，玻璃表面平整，端头纵向排列顺直，盖叠段的垫层铺垫均匀，缝隙一致，用防锈油灰封口，嵌填密实、光滑，棱角齐整，卡体不外露，仰视整洁美观。

(9) 无框玻璃（玻璃厚度在 10 mm 以上）屏风、隔断的玻璃，其接口处的质量应符合以下要求：

合格：玻璃对接处倒角不小于 3 mm（直角度），安装横平竖直，接口平整无错台，缝隙均匀，密封膏嵌缝饱满、平滑，接头不显露，无污染。

优良：玻璃对接处倒角不小于 3 mm（直角度），安装横平竖直，接口平整无错台，缝隙宽窄一致，密封膏嵌缝饱满、密实、顺直，与倒角边缘齐平、光滑，无接头痕迹，洁净、美观。

(10) 大规格玻璃安装质量应符合以下要求：

合格：大玻璃定位，朝向正确，固定牢固，有伸缩余量，表面平整。**无翘曲**，四边条线平直、交圈。玻璃面膜、骨架型材外露部分面膜洁净无划痕。密封胶、耐候胶嵌缝密实，粘接牢固、顺直，无污染。软连接所用垫片受压后变形状态在 25%～35% 之间，或在设计允许值范围之内，其水密性、气密性应符合设计要求。

优良：大玻璃定位、朝向正确，固定牢靠，有伸缩余量。表面平整无翘曲，四边条线横平竖直，交圈吻合。玻璃面膜、骨架密实，粘接牢固、光滑、顺直、无污染。软连接所用垫片受压后变形状态在 25%～35% 之间，或在设计允许范围之内，其水密性、气密性应符合设计要求。

(11) 大堂跑马廊、楼梯玻璃栏板安装质量应符合以下要求：

合格：各品种的板块玻璃与四周围结构的框架连接后整体纵向通直，上口平直，间隔排列均匀。垫片、卡件连接牢固，隐蔽得体，嵌缝平滑，接头不显露，洁净无污染。

优良：各品种的板块玻璃与四周围结构的框架连接后整体纵向通直，上口平直，间隔排列均匀。垫片、卡件连接牢固，隐蔽得体，嵌缝顺直、光滑，无接头痕迹，洁净美观。

金属制品工程验收规范

适用于各种金属栏杆、扶手、玻璃栏板的制作与安装工程。

1．应达标准

（1）栏杆、扶手、栏板所用材料的品种、规格、型号、颜色、壁厚及玻璃的厚度必须符合设计规定要求。

（2）栏杆、扶手、栏板的制作尺寸应准确，安装位置符合设计要求，安装必须牢固可靠。

> Allgo5专家提供检验方法：观察、尺量、手扳，检查产品合格证书及材料现场验收记录。

2．审核标准

（1）金属制品外观质量应符合以下规定：

合格：金属扶手表面应光滑，镀膜金属色泽光亮一致，烤漆颜色均匀，表面无剥落、划痕，直拐角及接头处的焊口应吻合密实，弯拐角圆顺光滑，弧形扶手弧线自然，无硬弯、折角。金属栏杆、扶手连接处的焊口色泽同连接件一致。

优良：金属扶手表面应光滑细腻，无形变，镀膜金属色泽光亮一致，烤漆颜色均匀一致，表面无剥落、划痕，直拐角及接头处的焊口应吻合密实，弯拐角圆顺光滑，弧形扶手弧线自然、流畅。金属栏杆、扶手连接处的焊口表面、形状、平整度、光洁度、色泽同连接件一致。

（2）金属楼梯栏杆安装质量应符合以下规定：

合格：栏杆排列均匀、竖直有序，与踏步相交尺寸符合设计要求，栏板与踏步埋件及扶手连接处焊接牢固，露明部位接缝严密，打磨光滑。扶手安装的坡度与楼梯的坡度一致。

优良：栏杆排列均匀、竖直有序，与踏步相交尺寸符合设计要求，栏板与踏步埋件及扶手连接处焊接牢固，露明部位接缝严密，打磨光滑无明显痕迹，光洁度一致。扶手安装的坡度与楼梯的坡度一致。

> Allgo5专家提供检验方法：观察、手摸和手扳检查。

门窗工程验收

金属门、木门、钢门窗、彩板组角钢门窗都是门窗工程验收的种类,你知道它们该如何验收吗?Allgo5 专家为您指导。

1. 金属门窗

适用于各种系列铝合金门窗、金属隔声门、不锈钢和镀钛门及金属包面门安装工程。

检查数量:逐樘检查。

(1) 应达标准

①金属门窗、隔声门及其附件和玻璃的品种、规格、质量,必须符合设计要求及国家现行有关标准的规定。

②金属门窗、隔声门安装的位置、开启方向和隔音门的隔间指标必须符合设计要求。

> Allgo5 专家提供检验方法:观察,测试检查。

③金属门窗框安装必须牢固,预埋件的数量、位置、埋设连接方法及防腐必须符合设计要求。铝合金门窗与非不锈钢紧固件接触面之间应做防腐处理。隔音门密封条安装位置正确,扇框封闭严密。

> Allgo5 专家提供检验方法:观察,检查隐蔽工程记录。

(2) 审核标准

金属门窗扇安装应符合以下规定:

①平开门窗扇:

合格:关闭严密,间隙基本均匀,开关灵活。

优良:关闭严密,间隙均匀,开关灵活。

②推拉门窗扇:

合格:关闭严密,间隙基本均匀,扇与框搭接量不小于设计要求的 80%,推拉灵活。

优良:关闭严密,间隙均匀,扇与框搭接量符合设计要求,推拉灵活。

③弹簧门扇:

合格：自动定位准确，开启角度 90°±3°，关闭时间在 6~10s 范围内。

优良：自动定位准确，开启角度 90°±1.5°，关闭时间在 6~10s 范围内。

④金属门窗附件安装应符合以下规定：

合格：附件齐全，安装位置正确牢固，灵活适用，达到各自的功能。

优良：附件齐全，安装位置正确牢固，灵活适用，达到各自的功能，端正美观无污染，有隔声功能，应达到隔声指标。

⑤金属门窗框与墙体间缝隙填嵌质量应符合以下规定：

合格：填嵌饱满，填塞材料符合设计要求。

优良：填嵌饱满密实，表面平整、光滑，无裂缝、填塞材料及方法符合设计要求。

⑥金属门窗外观质量应符合以下规定：

合格：表面洁净，颜色一致，无划痕、碰伤、锈蚀，无毛边、飞刺、腐蚀斑痕及其他污迹，涂胶表面光滑平整，无气泡。

优良：表面洁净，颜色一致，拼接缝严密无缝隙，无划痕、碰伤，无锈蚀、毛边、飞刺、腐蚀斑痕及其他污迹，涂胶表面光滑平整，厚度均匀，线条粗细一致，无气泡。

⑦铝合金卷帘门窗应符合以下规定：

合格：满足防风功能；表面无损伤，颜色均匀，尺寸、规格正确，开关灵活；五金零件安装齐全、牢固。

优良：满足防风功能；表面洁净无损伤，无划痕，颜色一致；尺寸规格符合设计要求，开关灵活；五金零件安装齐全牢固、美观。

> Allgo5 专家提供检验方法：观察检查，平开门窗扇进行开闭检查，推拉门窗扇用深度尺检查，弹簧门扇用秒表、角度尺检查。

2．木门窗

适用于高级木门窗、木隔声门、木防火门安装工程。

（1）应达标准

①门窗框、扇安装位置、开启方向、使用功能必须符合设计要求。

> Allgo5 专家提供检验方法：观察、测试检查。

②门窗框必须安装牢固，隔声、防火，密封做法正确，符合设计要求和施工

规范。

(2) 审核标准

①门窗框与墙体间隙填塞保温材料应符合以下规定：

合格：填塞饱满，嵌填材料和方法符合设计要求。

优良：填塞饱满，均匀、密实、表面平整。嵌填材料和方法符合设计要求。

> Allgo5 专家提供检验方法：观察检查。

②门窗扇安装应符合以下规定：

合格：裁口顺直，刨面平整、光滑、无锤印。开关灵活、严密、无回弹、翘曲和变形。

优良：裁口顺直，刨面平整、光滑、无锤印。开关灵活、严密、无回弹、翘曲和变形。缝隙符合有关规定。

③门窗五金安装应符合以下规定：

合格：安装牢固，位置适宜，边缘整齐。小五金齐全，规格符合要求，插销关启灵活。

优良：安装牢固，位置适宜，槽深浅一致，边缘整齐，小五金齐全，规格符合要求，木螺钉拧紧卧平，插销关启灵活。

④门窗披水、盖口条、压缝条、密封条的安装应符合以下规定：

合格：尺寸一致，与门窗结合牢固。木盖口条、压缝条割向正确、拼缝严密、顺直，与清漆木门准备表面颜色一致。

优良：尺寸一致，平直光滑，与门窗结合牢固。木盖口条、压缝条割向正确、拼缝严密、顺直，与清漆木门窗表面颜色纹理一致。

> Allgo5 专家提供检验方法：观察、尺量检查。

3. 钢门窗

适用于钢门窗、钢质隔声门、钢质防火工程。

检查数量：按不同门窗类型的樘数，各抽查20%，但均不少于5樘。

(1) 应达标准

①钢门窗及其附件的质量必须符合设计要求和有关标准的规定。隔声门、防火门的功能指标必须符合设计与使用要求。

> Allgo5专家提供检验方法：观察、检查产品合格证书及现场验收记录。

②钢门窗安装位置，开启方向应符合设计要求。

> Allgo5专家提供检验方法：观察、开闭检查。

③钢门窗框安装必须牢固，预埋铁件的数量、位置、埋设和连接方法必须符合设计要求。

> Allgo5专家提供检验方法：框与墙间缝隙在填塞前进行观察和手扳检查，并检查隐蔽工程记录。

(2) 审核标准

①钢门窗扇安装应符合以下规定：

合格：关闭严密，开关灵活，无形变，无倒翘；隔声门密封性好；防火门自动关闭灵敏。

优良：关闭严密，开关灵活，无阻滞、回弹，无形变和倒翘；隔声门密封性好；防火门自动关闭灵敏。

②钢门窗附件安装应符合以下规定：

合格：附件齐全，安装牢固，位置正确，启闭灵活适用。

优良：附件齐全，安装牢固，位置正确、端正，启闭灵活、适用美观。

③钢门窗框与墙体间缝隙填嵌质量应符合以下规定：

合格：填嵌饱满，嵌填材料符合设计要求。

优良：填嵌饱满密实，表面平整，嵌填材料符合设计要求。

④钢门窗表面质量应符合以下规定：

合格：表面平整、洁净，无麻点、凹坑，无锈蚀；表面涂料颜色均匀。

优良：表面平整、洁净，无划痕，无麻点、凹坑，无锈蚀；表面涂料颜色均匀一致，涂膜光洁美观。

> Allgo5专家提供检验方法：观察检查。

4. 彩板组角钢门窗

适用于彩板组角钢门窗工程。

检验数量：按不同门窗类型的樘数，各抽查20%，但均不少于5樘。

(1) 应达标准

①彩板组角钢门窗及其附件和玻璃的质量必须符合设计要求和有关标准和规定。

②彩板组角钢门窗安装的位置，开启方向必须符合设计要求。

③彩板组角钢门窗框安装必须牢固，预埋铁件的数量、位置、埋设和连接方法应符合设计要求。

> Allgo5专家提供检验方法：观察，检查产品合格证书和现场验收记录，在填缝前观察和手扳检查，并检查隐蔽工程记录。

(2) 审核标准

①彩板组角钢门窗扇安装，应符合以下规定：

合格：关闭严密，开关灵活，无变形和倒翘。

优良：关闭严密，开关灵活，无阻滞回弹、无变形和倒翘。

②彩板组角钢门窗，表面质量应符合以下规定：

合格：表面洁净、平整，颜色一致，涂膜完整，无污染，无碰伤。拼接缝严密。

优良：表面洁净、平整、颜色一致，涂膜完整，细腻光滑，无划痕碰伤，无污染；拼接缝严密。

> Allgo5专家提供检验方法：观察检查。

细木工工程验收

你知道细木工验收的一般规定吗？你知道细木工工程该验收些什么，该如何验收吗？你知道细木工工程做的不到位会影响到整个装修工程的效果吗？Allgo5专家为您指导。

1. 一般规定

适用于细木制品、木隔断、花饰和高档固定家具的制作与安装工程。

检查数量：观感普查，允许偏差项目随机抽查总量的20%。

由多种材料组合的制品，必须按构成材料的不同，分别执行相应的技术标准规定。

木制品所用的主材、辅料和配件的品种、质量、等级、型号、规格和颜色等必须符合设计要求现行施工验收规范及产品技术标准的规定。

细木制品所用木材应符合以下规定：

（1）木材含水率≤12%（胶拼件木材含水率8%～10%）；
（2）木材斜纹程度＝倾斜长度/水平长度×100%≤20%；
（3）不得使用腐朽或尚在虫蚀的木材；
（4）外表用材活节直径≤1/5材宽或厚，且最大直径≤5mm；
（5）外表用料不得有死节、虫眼和裂缝；
（6）内部用料的活节直径≤1/4材宽或厚，且最大直径≤20mm；
（7）内部用料裂缝长度不大于构件长度：贯通裂10%，非贯通裂15%；
（8）内部用料钝棱局部厚度≤1/4材厚，宽度≤1/5材宽；
（9）涂饰部位或存放物品部位不得有树脂囊；
（10）树种应单一，材性稳定，纹理相似；
（11）同一胶拼件的树种、质地应相似；
（12）包镶板件用衬条，应尽可能使用质地相似的树种；
（13）埋件应按规定作防腐处理，细木制品完成后宜立即刷防潮底油一遍。

细木制品宜采用榫眼加胶连接方法。

有防火要求的细木工程必须按规定作防火处理。

> Allgo5专家提供检验方法：观察、尺量、测试检查，检查防火处理记录和试验报告。

2．细木制品

适用于暖气罩、窗帘盒、窗台板、筒子板和各种木制装饰线的制作安装工程。

检查数量：观感普查，允许偏差项目随机抽查总量的20%。

（1）应达标准

①木材的材质、品种、规格、等级、骨架的含水率，必须符合设计和国家现行有关标准规定及建筑室内装修设计防火要求。

②细木制品的制作加工尺寸必须正确，安装必须牢固无松动。

> Allgo5专家提供检验方法：尺量、观察、测试、手扳检查。

(2) 审核标准

①细木制品表面质量应符合以下规定：

合格：颜色一致，表面平整、光滑，无开裂、无污迹，不露钉帽、无锤印，线角直顺、无弯曲变形；装饰线刻纹清晰、直顺，棱角凹凸层次分明，出墙尺寸基本一致。

优良：颜色一致，表面平整、光滑，无裂纹、无污迹，不露钉帽、无锤印，分格缝均匀一致，线角直顺、无弯曲变形。装饰线刻纹清晰、直顺，棱角凹凸层次分明，出墙尺寸一致。

②细木制品拼接质量应符合以下规定：

合格：板面拼接在龙骨上，并在不显眼位置，纹理通顺，表面平整、严密、无缝隙，装饰线接头、拼角处凹凸棱角对位准确，接头平整、严密。

优良：板面拼接在龙骨上，并在不显眼位置，纹理通顺，表面平整、严密、无缝隙，同一房间花纹位置相同，拼花吻合、对称，装饰线接头、拼角处凹凸棱角对位准确、割向正确，接头平整、光滑、严密，无缝隙。

③细木制品与顶棚、墙体、踢脚等交接处质量应符合以下规定：

合格：交接、嵌合严密无缝隙，交接线顺直。

优良：交接、嵌合严密无缝隙，交接线顺直，清晰美观，出墙尺寸一致。

> Allgo5专家提供检验方法：观察、检查。

3．木栏杆、扶手

适用于各种类型木质栏杆、栏板和扶手的制作安装工程。

(1) 应达标准

①栏杆、栏板和扶手制作所用材料的品种、质量、等级、规格、型号、尺寸必须符合设计和相应技术标准的规定。

②栏杆、栏板和扶手制作尺寸精确，安装必须牢固，就位尺寸正确。

> Allgo5专家提供检验方法：观察、尺量，检验产品合格证书及材料现场验收记录。

（2）审核标准

①栏杆扶手表面质量应符合以下规定：

合格：木制扶手表面光滑平直，拐角方正，槽深一致，转角圆滑，接头平整、严密，表面无刨痕，无锤印。

优良：木制扶手表面光滑平直，拐角方正，槽深一致，颜色一致，木纹接近，线条清晰美观，转角圆滑，弧度符合设计，接头平整、严密。

②栏杆安装应符合以下规定：

合格：栏杆排列均匀、整齐，横线条与楼梯坡度一致，栏杆与扶手的金属连接件无外露现象，雕花、花饰尺寸、位置一致。

优良：栏杆排列均匀、整齐，横线条与楼梯坡度一致，栏杆与扶手的金属连接件无外露现象，雕花、花饰尺寸、位置一致，线条图案清晰美观。

③玻璃栏杆安装质量应符合以下规定：

合格：玻璃栏板安装应与周围固定件吻合，无缝隙、扭曲，接头处理严密。

优良：玻璃栏板安装应与周围固定件吻合，无缝隙、扭曲，接头处理严密，表面平直光滑，洁净美观，造型符合设计要求。

④扶手安装应符合以下规定：

合格：扶手的高度、角度、构造应符合设计要求。转角弧度正确，与上下跑扶手连接通顺，接头光滑。

优良：扶手的高度、角度、构造应符合设计要求。转角弧度正确，与上下跑扶手连接通顺，接头严密平整，表面光滑、整洁、美观。

> Allgo5专家提供检验方法：观察、手摸检查。

4．木隔断

适用于组装式、博古式木隔断和玻璃隔断、折叠式和可拆式活动隔断制作安装工程。

检查数量：观感普查，允许偏差项目随机抽查总量的20%。

（1）应达标准

①木隔断所用木材的材质、品种、等级、含水率及其他辅料、配件的品种、等级、规格、型号、颜色、花色均必须符合设计与产品技术标准的规定。

②木隔断的制作尺寸及构造必须符合设计规定，安装必须牢固，加胶榫接严密，不露明榫，活动隔断推拉灵活。

> Allgo5 专家提供检验方法：观察、检查产品合格证书及材料下场验收记录。

（2）审核标准

①隔断的表面应符合设计规定：

合格：表面平整、光滑，无开裂、不露钉帽，无锤印，线、棱、角直顺、方正，接缝严密，无污染，颜色一致。

优良：表面平整、光滑，无开裂、不露钉帽，无锤印，线、棱、角直顺、方正，接缝严密，无污染，材料规格一致，木纹通顺，颜色一致，表面清晰美观。

②隔断和五金配件的安装应符合以下规定：

合格：隔断制作平直方正、光滑，拐角交接严密，无污染。

隔断的五金配件安装位置正确、牢固、端正、尺寸一致，开关灵活（指活动隔断）。

优良：隔断制作平直方正、光滑，拐角交接严密，花纹清晰，表面洁净美观，隔断的五金配件安装位置正确、牢固、端正、尺寸一致，开关灵活（指活动隔断），不露钉帽，无划痕，无污染。

③吊幕式隔断的折叠式隔断安装应符合以下规定：

合格：吊幕式隔断轨道水平顺直，推拉轻便灵活；折叠式隔断各脚着地无悬空，折叠灵活、轻便。

优良：吊幕式隔断轨道水平顺直，滑轮灵活，推拉轻便；折叠式隔断各脚着地无悬空，折叠灵活、轻便，隔断面平整，缝隙严密，边缘处理整洁。

> Allgo5 专家提供检验方法：观察、拉线量、手摸、尺量检查。

木花饰

适用于木制花饰的制作安装工程。

1. 应达标准

（1）木质花饰所用木材的种类应符合设计规定。

（2）花饰制作的规格、尺寸、图案必须符合设计规定和专业质量标准，花饰线条优美流畅，图案清晰美观。

（3）花饰安装必须牢固，位置正确，平直无歪斜，拼接无错位，无翘曲及缺棱掉角。

> Allgo5专家提供检验方法：观察、手扳检查。

2．审核标准

（1）花饰的表面质量应符合以下规定：

合格：花饰表面线条清晰、流畅、精细、光滑，线肩严实平整，颜色一致。

优良：花饰表面线条清晰、流畅、精细、光滑，线肩严实平整，颜色一致，手感细腻，花饰安装吻合，匀称美观。

（2）平贴花饰应符合以下规定：

合格：粘贴无缝隙，镂空有底板或底镜的花饰两者距离一致，底板镜不受污染，无钉眼痕迹。

优良：粘贴无缝隙，镂空有底板或底镜的花饰两者距离一致，底板镜不受污染，表面光洁美观。

> Allgo5专家提供检验方法：观察、手摸检查。

高档固定家具

适用于木制高档固定家具制作安装工程。

1．应达标准

（1）高档固定家具制作所使用的木材、辅料、配件必须符合设计所规定的品种、规格、材质、等级、颜色和相应的技术标准。

（2）高档固定家具制作必须符合设计所规定的造型、规格、尺寸。其细部构造主要尺寸应满足现行家具标准的相应规定。

（3）家具制作接缝严密，安装必须牢固，配件齐全、有效。

> Allgo5专家提供检验方法：观察检查。

2．审核标准

（1）各种人造板应符合以下规定：

合格：各种人造板部件封边处理严密平直，无脱胶，无磕碰。

优良：各种人造板部件封边处理严密平直，无脱胶，表面光滑平整，无磕碰。

（2）各种高档固定家具的制作应符合以下规定：

合格：家具的造型、结构、规格尺寸、用料、五金配件应符合设计要求，结合严密，粘接牢固，里外洁净，外部细光，内部砂光。

优良：家具的造型、结构、规格尺寸、用料、五金配件应符合设计要求，结合严密，粘接牢固，里外洁净，外部细光，内部砂光，木纹清晰光滑美观。

（3）高档固定家具安装应符合以下规定：

合格：塞角、栏压条、滑道的安装位置正确、安装平实、牢固，开启灵活。

优良：塞角、栏压条、滑道的安装位置正确、安装平实、牢固，开启灵活，光滑洁净。

（4）高档固定家具涂饰前应符合以下规定：

合格：产品涂饰前，目视光滑平整，手感无毛刺、刨痕、磨砂、逆纹，拐角无硬拐，朝向端正，均匀顺直。

优良：产品涂饰前，目视光滑平整，手感无毛刺、刨痕、磨砂、凹凸感，拐角无硬拐，朝向端正，缝严无胶痕，倒角均匀顺直，光滑一致。

> Allgo5 专家提供检验方法：观察、手摸检查。

（5）抽屉、柜门安装应符合以下规定：

合格：抽屉、柜门开闭灵活，回位正确。

优良：抽屉、柜门开闭灵活，回位正确。抽屉抽出不夺头；柜门不走扇，分缝一致。

（6）玻璃门安装符合以下规定：

合格：玻璃门周边抛光整洁，开闭灵活，无崩磕、划痕，四角对称，扣手位置端正。

优良：玻璃门周边抛光整洁，开闭灵活，无崩磕、划痕，四角对称，扣手位置端正、光滑，柜门推拉流畅，不晃荡。

（7）高档固定家具表面雕刻应符合以下规定：

合格：雕刻图案清晰、对称，凹凸打挖过桥、棱角和圆弧应圆润无崩磕，铲地平光。

优良：雕刻图案清晰、对称，层次分明，凹凸打挖过桥、棱角和圆弧应圆润无崩碴，铲地平光。

> Allgo5专家提供检验方法：观察、推拉、开闭检查。

五金配件、细木制品安装

1．应达标准

（1）细木制品（梳妆台、镜台等）的树种、材质等级、含水率和防腐处理，必须符合设计和施工规范要求。

（2）五金配件、细木制品与基层（木砖、膨胀螺栓等）镶钉必须牢固，无松动。

（3）五金配件制品（毛巾架、手纸盒、洁具架、浴帘杆等）的材质、光洁度、规格尺寸必须符合设计和相应标准要求。

> Allgo5专家提供检验方法：观察、手摸和尺量检查，并检查产品合格证书。

2．审核标准

（1）厕浴间内细木制品表面质量要求应符合细木制品的有关规定。

（2）五金配件（浴帘杆、浴巾架、面巾架、恭纸架、口杯架、浴盆拉手）安装。

合格：安装位置正确、牢固，横平竖直，镀膜无损伤、无污染，护口遮盖严密。

优良：安装位置正确、对称、牢固，横平竖直无变形，镀膜光洁、无损伤、无污染，护口遮盖严密与墙面靠实无缝隙，外露螺丝卧平，整体美观。

> Allgo5专家提供检验方法：观察、手摸、尺量检查。

金属板吊顶验收

适用各种金属板（条形板、方板、格栅）吊顶工程。

检查数量：观感普查，允许偏差项目随机抽查总数的 20%。

1. 应达标准

（1）吊顶用金属板的材质、品种、规格、颜色及吊顶的造型尺寸，必须符合设计要求和国家现行有关标准规定。

（2）金属板与龙骨连接必须牢固可靠，不得松动变形。

（3）设备口、灯具的位置应布局合理，按条、块分格，对称、美观；套割尺寸准确，边缘整齐，不露缝；排列顺直、方正。

> Allgo5 专家提供检验方法：观察、手扳、尺量检查。

2. 审核标准

（1）金属板的安装质量应符合以下规定：

合格：板面起拱度准确；表面平整；接缝、接口严密；板缝顺直，无明显错台错位，宽窄均匀；阴阳角收边方正；装饰线肩角、割向正确。

优良：板面起拱度准确；表面平整；接缝、接口严密；条形板接口位置排列错开有序，板缝顺直，无错台错位，宽窄一致；阴阳角收边方正；装饰线肩角、割向正确，拼缝严密异形板排放位置合理、美观。

（2）金属板表面应符合以下规定：

合格：表面整洁，无翘角、碰伤，镀膜完好无划痕，无明显色差。

优良：表面整洁，无翘曲、碰伤，镀膜完好无划痕，颜色协调一致、美观。

> Allgo5 专家提供检验方法：观察、拉线、尺量检查。

纸面石膏板、木质胶合板吊顶验收

适用于纸面石膏板、木质胶合板吊顶。

检查数量：观感普查，允许偏差项目随机抽查总数的 20%。

1. 应达标准

（1）罩面板的材质、品种、规格及吊顶造形的基层构造、固定方法，必须符合设计要求和国家现行有关标准规定。

（2）木质龙骨、胶合板必须按有关规定进行防火阻燃处理。

（3）罩面板与龙骨连接必须紧密、牢固。

（4）设备口、灯具位置的设置必须按板块分格对称，布局合理；开口边缘整齐，护口严密不露缝。排列横竖顺直、整齐、美观。

> Allgo5 专家提供检验方法：观察、尺量、手扳检查。

2. 审核标准

（1）罩面板的表面质量应符合以下规定：

合格：表面平整，起拱正确，颜色一致，洁净、无污染，无返锈、麻点、锤印，无外露钉帽。

优良：表面平整，起拱准确、颜色一致，洁净、无污染，无返锈、麻点、锤印，自攻螺钉排列均匀，无外露钉帽、无开裂。

（2）罩面板的接缝、压条质量应符合以下规定：

合格：接缝位于龙骨上宽窄均匀、压条顺直，无翘曲，光滑通顺，接缝严密，无透漏。阴阳角收边方正。

优良：接缝位于龙骨上均匀一致，压条顺直，宽窄一致，无翘曲，光滑、通顺平直，接缝严密，无透漏，阴阳角收边方正。

（3）有造型要求的应符合以下规定：

合格：造型尺寸及位置正确，收口严密平整。

优良：造型尺寸及位置准确，收口严密平整，曲线流畅、美观。

> Allgo5 专家提供检验方法：观察、尺量检查。

纤维类块材饰面板吊顶验收

适用于玻璃纤维、矿棉纤维、木质纤维等块材饰面板的吊顶工程。

检查数量：观感普查，允许偏差项目随机抽查总数的 20%。

1．应达标准

（1）纤维类块材饰面板的品种、规格、质量、颜色、图案、防潮、防火性能以及吊顶的造型、基层构造、固定方法必须符合设计要求。

（2）设备口、灯具的位置必须按板块、图案、分格对称，布局合理。开口边缘整齐，护口严密，不露缝；排列横竖均匀、顺直、整齐、协调美观；受风压的吊顶板必须作固定处理。

> Allgo5专家提供检验方法：观察、拉线、手扳、尺量检查，检验产品合格证书。

2．审核标准

（1）纤维类块材饰面板安装质量应符合以下规定：

合格：表面平整、洁净、无污染。边缘切割整齐，无损伤、缺棱掉角，色泽均匀。

优良：表面平整、洁净，无污染。边缘切割整齐一致，无划伤、缺棱、掉角，色泽一致，美观。

> Allgo5专家提供检验方法：观察检查。

（2）纤维类块材饰面的板缝、压条质量应符合以下规定：

①明龙骨：

合格：龙骨顺直，接缝严密；收口条割向正确，拼缝无明显错台错位；无划痕、碰伤、色泽均匀。

优良：龙骨顺直，接缝严密、平直；收口条割向准确，无缝隙，无错台错位，无划痕、麻点、凹坑，色泽一致、美观。

②暗龙骨：

合格：纵横向板缝顺直、方正，无明显错台错位，收口收边顺直，板缝宽窄协调均匀。

优良：纵横向板缝顺直、方正，无错台错位，收口收边顺直，板缝宽窄均匀一致。

（3）纤维类块材饰面板拼花质量应符合以下规定：

合格：图案位置方向正确，拼缝与图案花纹基本吻合平顺，非整块板图案选用要适宜，收口收边严密、平顺。

优良：图案位置方向准确、端正，拼缝与图案花纹吻合严密平顺，非整块板图案选用要适宜美观，收口收边严密、平顺、方正。

> Allgo5专家提供检验方法：观察、尺量检查。

花栅吊顶验收

适用于花栅吊顶。检查数量：观感普查，允许偏差项目随机抽查总数的20％。

1．应达标准

（1）花栅的品种、规格、材质、成形尺寸、组装固定方法、颜色、花型图案，必须符合设计要求和国家现行有关标准规定。

（2）花栅的防火、防潮、防锈必须符合设计和有关规定的要求。

> Allgo5专家提供检验方法：观察、尺量、手扳检查，检验施工验收记录和产品合格证书。

2．审核标准

（1）花栅表面质量应符合以下规定：

合格：表面平整、颜色均匀，镀膜或漆膜完整，无划痕、碰伤，无污染。

优良：表面平整，颜色均匀一致、色泽光亮、洁净；镀膜或漆膜完整，无划痕，无污染，细腻光洁。

（2）花栅组装应符合以下规定：

合格：组装牢固、方正，角度方向一致；表面平整，无翘曲；接口严密，无明显错台错位，纵横向顺直，收边方正。

优良：组装牢固、方正，角度方向一致；表面平整，无翘曲；接口严密，无错台错位，纵横向顺直，美观。

> Allgo5专家提供检验方法：观察、尺量、手扳检查。

玻璃吊顶验收

适用于玻璃吊顶。检查数量：观感普查，允许偏差项目随机抽查总数的20％。

1．应达标准

（1）龙骨、框架的品种、规格、色彩、造型、固定方法、安装位置必须符合设计要求，确保牢固安全可靠。

（2）龙骨、框架必须按有关规定作防火、防腐、防锈等处理，玻璃密封条、挤压严密，密封膏的耐候性、粘结性必须符合国家现行的有关标准规定，保证使用要求，排列顺直均匀有序。

（3）玻璃的品种、规格、色彩、图案、固定方法必须符合设计要求和国家现行有关标准的规定。玻璃安装应做软连接，安装必须牢固，玻璃与槽口搭接尺寸合理，满足安全要求，槽口处的嵌条和玻璃及框粘接牢固，填充密实。

> Allgo5专家提供检验方法：观察、手扳、尺量检查，检查产品合格证书和施工验收记录。

2．审核标准

（1）玻璃吊顶表面质量应符合以下规定：

合格：玻璃色彩、花纹符合设计要求，镀膜面朝向正确；表面花纹整齐，图案排列有序、洁净；镀膜完整，无划伤、无污染。

优良：玻璃色彩、花纹符合设计要求，镀膜面朝向正确；表面花纹整齐，图案排列美观，洁净光亮，镀膜完整，无划痕、无污染，周边无损伤。

（2）玻璃安装的嵌口、压条、垫层质量应符合以下规定：

合格：玻璃嵌缝缝隙均匀，填充密实；槽口的压条、垫层、嵌条与玻璃结合严密，宽窄均匀，裁口割向正确，边缘齐平；金属压条镀膜完整，木压条漆膜平滑洁净。

优良：玻璃嵌缝缝隙均匀一致，填充密实饱满，无外溢污染；槽口的压条、垫层、嵌条与玻璃结合严密，宽窄一致；裁口割向准确，边缘齐平，接口吻合严密平整；金属压条镀膜完整、无划痕，木压条漆膜平滑、洁净、美观。

（3）压花玻璃、图案玻璃的花型图案拼装应符合以下规定：

合格：颜色均匀协调，图案拼接吻合，接缝严密。

优良：颜色均匀一致，图案拼接通顺、吻合、美观，接缝严密。

Allgo5专家提供检验方法：观察、尺量检查。

采光工程验收

采光工程如何验收？采光工程做的不合格不仅有可能影响装修的效果，并且会给以后的生活带来不便。那么采光工程该如何验收？Allgo5专家为您指导。

适用于平面结构形式（单坡、双坡）、单元空间结构形式（锥体）采光顶安装工程。

1. 应达标准

（1）采光顶所用的骨架型材及辅件的品种、规格、型号必须符合设计和国家现行相关标准的规定。

（2）采光顶所用的玻璃、有机玻璃，塑料板等材料的品种、规格、颜色，必须符合设计和国家现行相关标准的规定。采光顶玻璃裁割和安装：裁割采光顶用玻璃必须一刀割开成型，严禁用硬物件进行敲震和用钢钳咬边，安装时玻璃必须与支承体连接牢固无松动。

（3）采光顶所用结构胶、防水密封胶、密封条必须与所接触的材料相容，并在贮存、使用保质期内。

（4）采光顶所用金属件、木构件必须进行相应的防锈、防腐、防火处理，用螺栓、自攻钉连接的部位应加有耐热、耐磨垫片，不同金属材料相接触部位应有防腐蚀措施，与铝合金件固定的紧固件必须为不锈钢件。

（5）采光顶严禁渗漏，必须满足水密性、气密性、保温性、抗冲击性等设计指标要求，冷凝水排泄系统必须畅通。

（6）采光顶支承系统安装必须牢固可靠，造型尺寸准确，骨架无论采用钢、铝、木材，制作安装必须符合国家现行相应的施工与验收规范要求。采光顶支承系统与墙，柱连接严禁用膨胀螺栓固定，采用预埋铁件焊接固定时，其焊缝必须满足设计要求。

Allgo5专家提供检验方法：观察、尺量检查、泼水检查、检查产品合格证书。

2．审核标准

（1）采光顶表面质量应符合以下规定：

①支承体系

合格：坡度、造型尺寸正确、杆件顺直，拼接严密，无铝屑、毛刺、砸压变形，表面无凹坑、麻点、返锈，颜色基本一致，洁净、无污染。

优良：坡度、造型尺寸准确、杆件顺直，拼接严密，无铝屑、毛刺、砸压变形，表面无凹坑、麻点、返锈、划痕，颜色一致，洁净美观。

②透光材料

合格：安装的坡度、搭接尺寸、朝向符合设计要求，表面无翘曲，颜色基本一致，洁净无污染。

优良：安装的坡度、搭接尺寸、朝向符合设计要求，有造型要求的群体成行成线无错位，表面无翘曲、无擦伤、划痕，色泽一致，洁净、美观无污染。

（2）防水密封胶、紧固件安装应符合以下规定：

合格：粘结牢固，边缘顺直，无污染，无遗漏，表面光滑，紧固件安装牢固，垫片（圈）齐全，直线性好。

优良：粘结牢固，边缘顺直，无污染，无遗漏，表面光滑，宽窄一致、美观，紧固件安装牢固，垫片（圈）齐全，直线性好。

（3）采光顶压条、收口条、泄水槽（管）安装应符合以下规定：

合格：安装牢固，压条顺直，接头严密，无明显错台错位，泄水槽（管）安装位置、坡度准确、畅通，表面洁净无污染。

优良：安装牢固，压条顺直、紧密，接头严密，平整无错台错位，泄水槽（管）安装位置、坡度准确、畅通，表面色泽一致，洁净、美观、无污染。

> Allgo5 专家提供检验方法：观察、手扳、尺量检查。

■ Allgo5 专家提示：

（1）签工程验收单慎下笔

对于家庭装修来说，竣工验收时的工程验收单实际上是消费者对该工程的一个总结回顾，是消费者对工程的一个总体评价。因此，在这个时候，消费者是否在该验收单上签字已经成为目前家庭装修当中的一个焦点问题。目前的确存在一些消费者在工程验收阶段寻找各种借口拒绝在验收单上签字的现象，其目的基本上希望以此来要挟装饰公司，要求对方在结算上面给自己"放水"。但是由于目前家庭装修的利润率越来越低，众多的装饰公司是十分看重这个工程结算的，所以面对着一些难以避免的矛盾，由此而产生的冲突时有发生。那么，面对着工程验收单，消费者应该怎样合理地保护自身的权利，才能取得一个合理的结果，并且获得工程竣工以后必要的工程保修服务呢？

（2）应该签的工程验收单

前面已经讲过，一些工程项目在验收时存在的质量问题是因为气候季节影响所致，应该在今后的保修过程中通过保修来解决。对于出现上述工程质量问题的现象，建议消费者可以签署工程验收单。遗留问题可以通过装饰公司的售后服务帮助您。当然这个售后服务究竟应该怎么去做，是应该由您与装饰公司去商谈的，而这个商谈是应该在签订家庭装修的施工协议时就去做的。

（3）需要在完成必要的维修以后才可以签字的工程验收单

这类现象主要是基于一些工程在验收时存在直接影响消费者入住生活质量以及保修过程不能加以弥补的工程质量问题。比如卫生间卫生洁具下水排水不畅，墙面瓷砖有明显空鼓，家具五金件安装不牢固等等，这些问题对消费者的生活质量会有一定的影响，而且不属于自然现象，所以，应该督促装饰公司进行必要的维修，然后再做有针对性的检查验收。这些问题解决以后，消费者方可在工程验收单上签字。

（4）哪些问题应该拒绝在工程验收单上签字

它主要反映在一些令人难以容忍的工程质量问题的出现。如，工程项目的外观质量粗糙到难以使验收人接受，工程项目的质量无论是验收时还是保修过程都难以解决，对于这样的问题建议消费者最好不要轻易放过。这样的工程质量问题如何解决，需要合同双方坐下来商谈，是推倒重来，还是装饰公司负担一部分消费者的损失，在理清问题以后，合同双方需要做出另外的解决文件，而工程验收单此时此刻基本上不起作用了。

（5）验收完毕后，工程结算单要细看

某日，北京市装饰协会家装委员会接到一个消费者的投诉，据该消费者讲，这个工程已经完成工程验收，对于工程质量消费者一家也基本满意，但是在装饰公司拿出工程结算单时，消费者认为他们受到了对方的欺骗，问题出在这个验收单的结算款数比消费者认为的超出了五千余元。所以，消费者认为装饰公司有欺诈嫌疑。家装委员会的有关专家在对文件做了认真细致地研究以后，询问消费者认为装饰公司欺诈嫌疑的依据是什么？消费者讲，装饰公司为自己做的工程预算是六万余元，但是结算时拿来的结算单却将近七万元，比自己想象的超出了五千余元，而工程项目并没有增加。那么问题出在哪儿呢？实际上在装饰公司做工程预算报价时，该公司的相关人员当时只是做了水电工程单价的报价，而结算费用是按实际发生结算的，而且当时装饰公司也已经与消费者讲得很清楚了。这个超出部分只是水电工程的结算款项，所以不能说装饰公司在欺骗消费者。

但是，这并不是说目前家庭装修的结算单上没有问题反映出来。

有的是子虚乌有的结算费用。曾经有装饰公司在结算费用时有一些费用突然出现，如原预算里有门的制作与安装，但是结算单里又出现了合页费用一个增加项，消费者就问装饰公司，为什么增加了合页的费用？装饰公司的人员讲，没有合页你的门怎么装上去？消费者请来的专家打电话问对方，你原来的报价里没有合页一项，那门怎么装上去？这一项能够验收吗？对方哑口无言。

还有的费用变更得没有理由。曾经有一家装饰公司对消费者说，这个工程的价格我们给您报低了，所以结算单我们要把价格给您调上去。其实，我们知道这个说法没有任何理由。第一，既然合同双方已经在合同上签字，那就不能再有任何理由在对方没有同意的情况下，单方更改报价。第二，目前的确有一些经营管理不很规范的公司，在谈合同的时候，采用低价战略，在施工当中再把价格调回去，如果消费者不同意，他们就用停工撤人来威胁。

家装验收：验收单、结算单、保修单、单单有学问。

(6) 如何进行结算

察看现场：消费者对现场的装饰效果进行验收。如有不满意处请施工方整改，待整改满意后在竣工验收报告上签字。

核对装修图：消费者对施工方报来的竣工图纸要认真核对，特别是水电线路走向、龙头阀门位置、开关插座位置等，这些对今后进行维修非常重要。

进行工程量核：由于多数家庭装饰工程变更频繁，替换材料多，增加项目多，变换部位多，造成竣工时的实际工程量增加或减少，消费者要仔细核对实际发生的工程量，并与施工方达成一致的意见，形成准确的数字。

编制结算书：家庭装饰结算书是家装工程全部实际支出费用的最后总结，是竣工后双方结算的最终依据。通过和预算书的对比，结算书可使消费者总结经验教训。结算书作为家庭档案应该比较长久地保存。

附录一　北京家装市场近期装修指导价格

序号	项目名称		单位	单价(元)	做法、材料说明
1	包门及套	原门双包	樘	780	1. 原门外包，A级曲柳三合板曲柳实木收边，平板无造型 2. 门套细木工板衬底；实木门套线，宽度在30~50mm之间 3. 使用原合页，不含新合页、门锁、门吸等五金配件（含五金安装费） 4. 油漆：硝基清漆10遍或聚氨酯漆（底漆2遍，面漆2遍） 5. 此价格适用于规格在1000mm×2000mm以下
		新做双包	樘	930	1. A级大芯板开条做龙骨，龙骨密度不大于400mm×400mm，三合板衬底，外贴A级曲柳面板，曲柳实木收边，平板无造型 2. 门套细木工板衬底；实木门套线，宽度在30~55mm之间 3. 使用原合页，不含新合页、门锁、门吸等五金配件（含五金安装费） 4. 油漆：硝基清漆10遍或聚氨酯漆（底漆2遍，面漆2遍） 5. 此价格适用于规格在1000mm×2000mm以下
		实心门	樘	1050	1. 大芯板、多层板、压制实木收边。外贴A级曲柳三合板，平板无造型 2. 大芯板横向错缝开槽，深度12mm左右，缝宽300mm，或斜向45°，错缝开槽深度小于13mm，缝宽小于300mm 3. 门套细木工板衬底；实木门套线，宽度在30~55mm之间 4. 使用原合页，不含新合页、门锁、门吸等五金配件（含五金安装费） 5. 油漆：硝基清漆10遍或聚氨酯漆（底漆2遍，面漆2遍） 6. 此价格适用于规格在1000mm×2000mm以下

续表

序号	项目名称	单位	单价（元）	做法、材料说明
2	包门窗套	m	60（单面）90（双面）	1. 细木板衬底，外贴A级普通曲柳三合板，曲柳实木木线门套，木线宽度在30～55mm之间，厚度不大于10mm 2. 此价格适用于门口，厚在250mm以下 3. 油漆：硝基清漆10遍或聚氨酯漆（底漆2遍，面漆2遍）
3	包暖气立管	m	80	松木龙骨、石膏板封包，饰面乳胶漆，绷带封口
4	木制顶角线挂镜线	m	30	1. 曲柳实木木线，规格：50mm×50mm阴角线或50mm平线 2. 油漆：硝基清漆10遍或聚氨酯漆（底漆2遍，面漆2遍）
5	石膏顶角线	m	18	石膏线规格≤80mm
6	踢脚板	m	30	1. 9mm厚多层板衬底，外贴A级曲柳三合板，曲柳实木木线 2. 硝基清漆10遍或聚氨酯漆（底漆2遍，面漆2遍）
7	暖气罩	m	190	1. 松木龙骨，三合板衬底，外贴A级普通曲柳三合板，曲柳实木木线 2. 此价格不含散热口及柜，其价格以图为准另议 3. 尺寸要求：高度＜900mm 4. 油漆：硝基清漆10遍或聚氨酯漆（底漆2遍，面漆2遍）
8	窗帘盒	m	95	1. 细木工板衬底，普通曲柳三合板，曲柳实木木线 2. 窗帘盒高度≤250mm，不含轨道 3. 油漆：硝基清漆10遍或聚氨酯漆（底漆2遍，面漆2遍）
9	家具A（卧室柜、阳台柜、吊柜类）	m²	550	1. 细木工板骨架，外贴A级普通曲柳三合板，曲柳实木木线收口 2. 二层层板（吊柜一层），9mmA级多层板后衬。内部不含饰面板，不含抽屉，抽屉按每个50元计算 3. 柜门为无造型平开门，不含五金（含其安装费） 4. 油漆：外部（1）硝基调和漆3遍；（2）硝基清漆10遍或聚氨酯漆（底漆2遍，面漆2遍）。内部、清漆2遍 5. 柜内如贴壁纸免收人工费，壁纸由甲方自购 6. 按正面投影面积计算 7. 木龙骨间≤300mm

续表

序号	项目名称	单位	单价（元）	做法、材料说明
10	家具B（书柜、酒柜、多宝阁类）	m²	650	1．细木工板骨架，外贴A级普通曲柳三合板，曲柳实木木线收口 2．9mm厚多层板后衬，内部含饰面板，不含抽屉，抽屉按每个50元计算 3．柜门为无造型平开门，不含五金含其安装费 4．柜内要求：横向隔板，竖向间距≥300mm。竖向隔板，横向间距≥600mm 5．油漆：外部、内部：(1) 硝基调和漆3遍；(2) 硝基清漆10遍或聚氨酯漆（底漆2遍，面漆2遍） 6．按正面投影面积计算
11	防火板吊柜	m	550	1．细木工板骨架，外部贴防火板（厚度>0.8mm） 2．曲柳实木木线，有一层层板，后衬板为9mm厚多层板或瓷砖 3．柜门为无造型平开门，不含五金，含其安装费用 4．加油漆2遍 5．防火板是国产等级
12	防火板地柜（含厨房壁柜）	m	650	1．细木工板骨架，外贴防火板（厚度大于0.8mm），曲柳实木木线 2．柜内有一层层板，后衬板为9mm厚多层板或瓷砖 3．柜门为无造型平开门，不含五金、石材等，含其安装费用 4．防火板是国产等级
13	墙面软包	m²	220	多层板，木龙骨做基层处理
14	铝合金窗	m²	240	70系列1～1.2mm厚，带纱窗含安装，不含旧窗拆除
15	铝合金门	m²	280	70系列1～1.2mm厚，不带纱窗含安装，不含旧窗拆除
16	柜、旧门面油漆、旧钢门窗油漆	m²	45	1．对原油漆进行打磨处理 2．(1) 硝基清漆10遍或聚氨酯漆（底漆2遍，面漆2遍） 　　(2) 硝基调和漆3遍 3．油漆是按展开面积计算
17	墙纸、布	m²	25	1．刷107胶溶液1遍，对基层进行处理，批刮腻子2遍，并打磨铺粘壁纸、壁布 2．此价格不包括主材

续表

序号	项　目　名　称		单位	单价（元）	做法、材料说明
18	内墙涂料		m	20	1. 刷107胶溶液1遍，批刮腻子2遍，并打磨，刷立邦漆（美得丽或与美得丽同价格的乳胶漆），刷立邦漆2～3遍 2. 此价格不含底漆，且为单色
19	基层处理A（加纸面石膏板）		m²	35	对原保温墙、土沙灰墙、麻刀墙附加9mm厚纸面石膏板，并进行接缝处理
20	基层处理B（加织物处理）		m²	15	1. 对原墙涂刷醇酸清漆一遍 2. 织物（的确良）加乳胶粘贴并着水处理后才能使用
21	铲除墙面		m²	10 3	复杂（油漆、壁纸、喷涂、剔瓷砖沿墙地面处理） 简单（内墙涂料）
22	护墙板		m	160	1. 木龙骨、多层板垫层，普通曲柳三合板，曲柳实木木线，平面起线 2. 硝基清漆10遍或聚氨酯漆（底漆2遍，面漆2遍） 3. 高度≤900mm
23	找平层		m²	30	所对地面、墙面，材料是水泥砂浆
24	塑钢窗		m²		带纱窗
25	塑钢门		m²		不带纱门
26	墙砖		m²	50	1. 做法为水泥加107胶或903胶粘贴 2. 瓷砖磨边碰角 3. 此价格不包括主材（瓷砖） 4. 高档瓷砖另计
27	防水处理		m²	95	1. 用改性沥青和玻璃丝布，进行三油二毡处理或聚氨酯冷涂2遍 2. 含对原基层处理和做完防水的处理
28	木地板	A	m²	95	1. 此价格不包括主材，木地板使用淋漆板，不包括油漆处理 2. 结构：木龙骨上制作9mm厚多层板
		B	m²	75	1. 此价格不包括主材，木地板使用淋漆板，不包括油漆处理 2. 结构：9mm厚多层板衬底

续表

序号	项目名称	单位	单价(元)	做法、材料说明
29	地面砖	m²	45	1. 做法：水泥加107胶粘贴 2. 不含对原地面进行处理 3. 此价格不包括主材
30	花岗岩地面	m²	60	1. 做法为石材地面（厚度<10mm），水泥砂浆做法 2. 不含对原地面进行特殊处理 3. 此价格不包括主材
31	PVC吊顶	m²	65	1. 木龙骨，龙骨规格：25mm×30mm，龙骨间距不大于500mm 2. 此价格包括木龙骨、塑料和板及塑料顶棚角线 3. PVC板宽度为180～200mm，厚度为5～8mm
32	石膏板吊顶（平面无造型）	m²	95	1. 木龙骨吊顶9mm厚纸面石膏板 2. 石膏板的接缝，应进行板缝处理 3. 异形顶另计
33	电路施工	m/处	30	1. 墙面剔槽下硬质PVC线管Φ2.5，铜线或三芯铜护套线，国产普通面板（鸿雁） 2. 钢筋混凝土墙每米50元 3. 特殊弱电（音箱线等）及电缆不在此范围内 4. PVC线管内电线数量不超过4根 5. 墙面、顶棚悬空处可用电器阻燃软管 6. 所有线头都需刷锡处理
			20	顶内走线或不踢槽走线按此计算
34	水暖施工	m	60	1. 包括管道和阀门及固定件 2. 不含龙头 3. 镀锌管材
35	卫生洁具安装	套	300	不含浴缸
36	墙体拆除	m²	50	
37	垃圾清运	一居	200	别墅另计
		二居	300	
		三居	350	

附录二 家庭居室装饰装修工程施工合同

发包人：　　　　　　承包人：
住所：　　　　　　　住所：
委托代理人：　　　　营业执照号：
电话：　　　　　　　法定代表人：　　　　电话：
手机号：　　　　　　委托代理人：　　　　电话：
　　　　　　　　　　本工程设计人：　　　电话：
　　　　　　　　　　施工队负责人：　　　电话：

依照《中华人民共和国合同法》及有关法律、法规的规定，结合家庭居室装饰装修工程施工的特点，双方在平等、自愿、协商一致的基础上，就发包人的家庭居室装饰装修工程（以下简称工程）的有关事宜，达成如下协议：

第一条　工程概况

1.1　工程地点：_____

1.2　工程内容及做法（详见附表1：家庭居室装饰装修工程施工项目确认表。附表2：家庭居室装饰装修工程内容和做法一览表）。

1.3　工程承包方式：双方商定采取下列第____种承包方式。

（1）承包人包工、包料（详见附表5：承包人提供装饰装修材料明细表）；

（2）承包人包工、部分包料，发包人提供部分材料（详见附表4：发包人提供装饰装修材料明细表。附表5：承包人提供装饰装修材料明细表）；

（3）承包人包工、发包人包料（详见附表4：发包人提供装饰装修材料明细表）。

1.4　工程期限____天，开工日期_____年____月____日，竣工日期_____年____月____日。

1.5　合同价款：本合同工程造价为（大写_____元（详见附表3：家庭居室装饰装修工程报价单）。

第二条　工程监理

若本工程实行工程监理，发包人与监理公司另行签订《工程监理合同》，并将监理工程师的姓名、单位、联系方式及监理工程师的职责等通知承包人。

第三条 施工图纸

双方商定施工图纸采取下列第____种方式提供：
（1）发包人自行设计并提供施工图纸，图纸一式二份，发包人、承包人各一份（详见附表6：家庭居室装饰装修工程设计图纸）；
（2）发包人委托承包人设计施工图纸，图纸一式二份，发包人、承包人各一份（详见附表6：家庭居室装饰装修工程设计图纸人设计费（大写）_____元，由发包人支付（此费用不在工程价款内）。

第四条 发包人义务

4.1 开工前____天，为承包人入场施工创造条件。包括：搬清室内家具、陈设或将室内不易搬动的家具、陈设归堆、遮盖，以不影响施工为原则。
4.2 提供施工期间的水源、电源。
4.3 负责协调施工队与邻里之间的关系。
4.4 不拆动室内承重结构，如需拆改原建筑的非承重结构或设备管线，负责到有关部门办理相应的审批手续。
4.5 施工期间发包人仍需部分使用该居室的，负责做好施工现场的保卫及消防等项工作。
4.6 参与工程质量和施工进度的监督，负责材料进场、竣工验收。

第五条 承包人义务

5.1 施工中严格执行安全施工操作规范、防火规定、施工规范及质量标准，按期保质完成工程。
5.2 严格执行有关施工现场管理的规定，不得扰民及污染环境。
5.3 保护好原居室室内的家具和陈设，保证居室内上、下水管道的畅通。
5.4 保证施工现场的整洁，工程完工后负责清扫施工现场。

第六条 工程变更

工程项目及施工方式如需变更，双方应协商一致，签订书面变更协议，同时调整相关工程费用及工期（见附表7：家庭居室装饰装修工程变更单）。

第七条　材料的提供

7.1　由发包人提供的材料、设备（详见附表4：发包人提供装饰装修材料明细表），发包人应在材料运到施工现场前通知承包人，双方共同验收并办理交接手续。

7.2　由承包人提供的材料、设备（详见附表5：承包人提供装饰装修材料明细表），承包人应在材料运到施工现场前通知发包人，并接受发包人检验。

第八条　工期延误

8.1　对以下原因造成竣工日期延误，经发包人确认，工期相应顺延：
（1）工程量变化和设计变更；
（2）不可抗力；
（3）发包人同意工期顺延的其他情况。

8.2　因发包人未按约定完成其应负责的工作而影响工期的，工期顺延；因发包人提供的材料、设备质量不合格而影响工程质量的，返工费用由发包人承担，工期顺延。

8.3　发包人未按期支付工程款，合同工期相应顺延。

8.4　因承包人责任不能按期开工或无故中途停工而影响工期的，工期不顺延；因承包人原因造成工程质量存在问题的，返工费用由承包人承担，工期不顺延。

第九条　质量标准

双方约定本工程施工质量标准：按2000年1月10日发布的江苏省《住宅装饰质量标准》执行，并按双方合同约定履行。

施工过程中双方对工程质量发生争议，由一部门对工程质量予以认证，经认证工程质量不符合合同约定的标准，认证过程支出的相关费用由承包人承担；经认证工程质量符合合同约定的标准，认证过程支出的相关费用由发包人承担。

第十条　工程验收和保修

10.1　双方约定在施工过程中分下列几个阶段对工程质量进行验收：
（1）_____；

（2）＿＿＿＿＿＿＿＿＿＿＿＿＿＿＿＿＿＿＿＿＿＿＿＿＿；
（3）＿＿＿＿＿＿＿＿＿＿＿＿＿＿＿＿＿＿＿＿。

承包人应提前两天通知发包人进行验收，阶段验收合格后应填写工程验收单（见附表8：家庭居室装饰装修工程验收单）。

10.2 工程竣工后，承包人应通知发包人验收，发包人应自接到验收通知后两天内组织验收，填写工程验收单（见附表8：家庭居室装饰装修工程验收单）。在工程款结清后，办理移交手续（详见附表9：家庭居室装饰装修工程结算单）。

10.3 本工程自验收合格双方签字之日起保修期为＿＿月。验收合格签字后，填写工程保修单（见附表10：家庭居室装饰装修工程保修单）。

第十一条　工程款支付方式

11.1 双方约定按以下第＿＿种方式支付工程款：
（1）合同生效后，发包人按下表中的约定直接向承包人支付工程款：

支付次数	支付时间	支付金额
第一次	开工前三日	支付　　元
第二次	工程进度过半	支付　　元
第三次	双方验收合格	支付　　元

工程进度过半指：＿＿。
（2）其他支付方式：＿＿＿＿＿＿＿＿＿＿＿＿＿＿＿＿＿＿＿＿＿＿＿＿＿＿＿＿＿＿＿＿＿＿＿＿＿＿＿。

11.2 工程验收合格后，承包人应向发包人提出工程结算，并将有关资料送交发包人。发包人接到资料后＿＿日内如未有异议，即视为同意，双方应填写工程结算单（见附表9：家庭居室装饰装修工程结算单）并签字，发包人应在签字时向承包人结清工程尾款。

11.3 工程款全部结清后，承包人应向发包人开具正式统一发票。

第十二条　违约责任

12.1 合同双方当事人中的任何一方因未履行合同约定或违反国家法律法规及有关政策规定，受到罚款或给对方造成损失的均由责任方承担责任，并赔偿给对方造成的经济损失。

12.2 未办理验收手续，发包人提前使用或擅自动用工程成品而造成损失的，由发包人负责。

12.3 因一方原因，造成合同无法继续履行时，该方应及时通知另一方，办理合同中止手续，并由责任方赔偿对方相应的经济损失。

12.4 发包人未按期支付第二（三）次工程款的，每延误一天向对方支付违约金_____元。

12.5 由于承包人原因，工程质量达不到双方约定的质量标准，承包人负责修理，工期不予顺延。

12.6 由于承包人原因致使工期延误，每延误一天向对方支付违约金_____元。

第十三条　合同争议的解决方式

本合同在履行过程中发生的争议，由当事人双方协商解决；也可由有关部门调解；协商或调解不成的，按下列第____种方式解决：

（一）提交_____仲裁委员会仲裁；

（二）依法向人民法院提起诉讼。

第十四条　几项具体规定

14.1 因工程施工而产生的垃圾，由承包人负责运出施工现场，并负责将垃圾运到指定的地点，发包人负责支付垃圾清运费用（大写）_____元（此费用不在工程价款内）。

14.2 施工期间，发包人将外屋钥匙____把，交给承包人保管。工程竣工验收后，发包人负责提供新锁____把，由承包人当场负责安装交付使用。

14.3 施工期间，承包人每天的工作时间为：上午____点____分至____点____分；下午____点____分至____点____分。

第十五条　其他约定事项：_____

_____。

第十六条　附则

16.1 本合同经双方签字（盖章）后生效，合同履行完毕后终止。

16.2 本合同签订后工程不得转包。

16.3 本合同一式____份,双方各执____份,_____部门____份。

16.4 合同附件为本合同的组成部分,与本合同具有同等法律效力。

合同附件

附表1-1:家庭居室装饰装修工程施工项目确认表(一)
附表1-2:家庭居室装饰装修工程施工项目确认表(二)
附表2:家庭居室装饰装修工程内容和做法一览表
附表3:家庭居室装饰装修工程报价单
附表4:发包人提供装饰装修材料明细表
附表5:承包人提供装饰装修材料明细表
附表6:家庭居室装饰装修工程设计图纸
附表7:家庭居室装饰装修工程变更单
附表8:家庭居室装饰装修工程验收单
附表9:家庭居室装饰装修工程结算单
附表10:家庭居室装饰装修工程保修单

发包人(签字):　　　　　　　承包人(盖章):
　　　　　　　　　　　　　　　法定代表人:
　　　　　　　　　　　　　　　委托代理人:
　　年　　月　　日　　　　　　　年　　月　　日

鉴证意见:

　　　　　　　　　　　　　　　鉴证机关(章)
　　　　　　　　　　　　　　　经办人:
　　　　　　　　　　　　　　　　年　　月　　日

监制部门:　　　　　　　　　　印制单位:

附录三　Allgo5 团购网介绍

互联网的飞速发展给人们的生活带来了日新月异的变化，在商品流通领域中一种全新的商品流通方式应运而生，并愈来愈显示出其无可比拟的优越性，这便是"电子商务"。随着网络技术与网络规范的逐步成熟，电子商务在商品流通领域的地位稳步上升，并终将占据主导地位。

中国集团采购商务网得到了国家质量技术监督局、国家经济计划司等相关部门的大力支持，经过对中国电子商务多年来的潜心研究，中国集团采购商务网（www.allgo5.com）首期于 2002 年 12 月 18 日全面开通，本网站旨在为厂商和消费者提供优质流通服务，成为厂商和消费者的诚信桥梁。目前，中国集团采购商务网（www.allgo5.com）首期展示销售重点是家装建材、房产以及汽车类产品。

电子商务是目前发展最快的销售形态，网民数量近年一直呈几何级数增长态势，电子商务已经越来越显示出其不可替代的地位。中国集团采购商务网侧重于"团购"这一消费方式，其特点是网民自愿组团消费，通过这种方式，可以实现最低成本的产品流通，从而为消费者最大限度地省钱。

中国集团采购商务网自开通以来，通过本网站在"北京音乐台"、"北京交通台"、《北京晚报》、《精品购物指南》、《电脑报》、《京华时报》等强档媒体的覆盖式宣传，以及各种大型新闻发布会的召开，现已经得到了消费者的广泛认可，在建材、家装、汽车领域已有多次成功组团经验。中国集团采购商务网现日点击量超过 10 万人次，已拥有 2 万固定会员，随时参加各类集团采购活动。

你需要什么，请拨打热线（010 - 82866715/6716）告诉我们，我们将把最优惠的产品带给你。

点击 allgo5.com，挑战价格极限！

注：本团购目前只限北京地区。

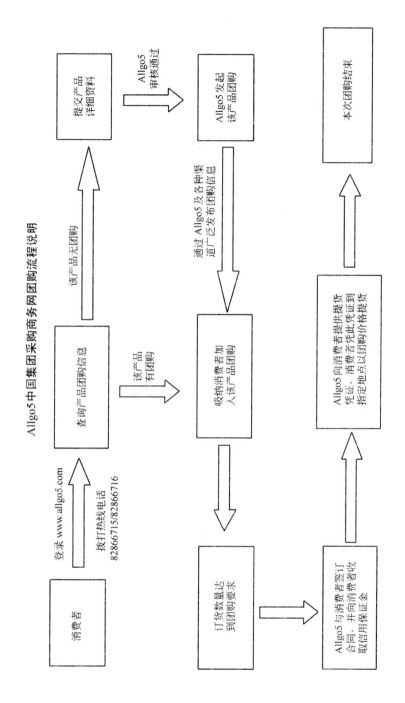

附录三 *Allgo5* 团购网介绍 159